A.U. IGAMBERDIEV

I0487735

THE POLYPHONIC COSMOS

Lulu Publishing Services

Published in Canada by Lulu Publishing Services

ISBN: 978-1-387-56637-2

The image on the cover is a painting by Alexander Volkov (Voronezh, Russia)

About the author

Abir U. (Andrei) Igamberdiev is a Professor of Biology at Memorial University of Newfoundland (Canada). He was born in Alma-Ata (Kazakhstan) and lived in Voronezh (Russia). His principal interests are in the fields of plant biology, theoretical biology, philosophy and semiotics. He is the author of more than 250 papers and several books.

About the book

This book presents essays on academic music, literature and philosophy. It develops philosophical traditions of Russian Cosmism. The author explores profound connections between the fundamental concepts of philosophy starting from the Pythagorean tradition, the views of modern science including relativist cosmology and quantum mechanics, and the ideas expressed in famous creations of music and literature.

СОДЕРЖАНИЕ

СИМФОНИЧНОСТЬ КОСМОСА

*Пифагор первым назвал универсум «космосом», исходя из порядка,
который в нем присутствует*
Неизвестный античный автор

Пространство-время: от Декарта к Лейбницу

Европейская философия Нового Времени, определившая
основу современной цивилизации, была основана Рене
Декартом. В ее концептуальном базисе лежит отношение
сознания и протяженности, *res cogitans* и *res extensa*. Эти
концептуальные сущности в европейской философии
оказались онтологически разделенными, и поиск их
унификации стал главным парадоксом, лежащим у
основания нового типа цивилизации, которая становится
глобальной. В концепции Декарта нет прямой взаимосвязи
между этими сущностями, хотя, как истинный первый
физиолог и автор концепции рефлекса, он пытался найти
место их взаимодействия в шишковидной железе (эпифизе).
По сути, недавние идеи Хамероффа и Пенроуза[1],
помещающих сознание в систему микротрубочек нервной
системы, являются продолжением этих взглядов Декарта в
области физиологии.

Отношение *res cogitans* и *res extensa* есть отношение
внепространственного к пространственному, поэтому оно не
может быть механическим – оно может быть только
семиотическим. Движение к осознанию этого факта было
долгим. Декарт жил в первой половине XVII века, а во
второй половине столетия Исаак Ньютон разработал
механику *res extensa,* в которой *res cogitans* либо не
участвует вовсе, либо участвовала только однажды через
исходное установление физических законов. Этот
механический взгляд основан на фундаментальном
упрощении и даже дегенерации аристотелевских

---

[1]Hameroff S.R., Penrose R. Conscious events as orchestrated space–time selections.
Journal of Consciousness Studies 3, 36–53, 1996.

формальных и целевых причин. Поэтому в механической вселенной не субстанцировано место для жизни, которое имелось во вселенной Аристотеля, несмотря на неверность многих конкретных обобщений его физики. Если же мы вернемся к философии Декарта, мы сможем вновь осмыслить роль жизни во Вселенной. Согласно Декарту, основным принципом мироздания является сосуществование механизма (тела) и внутреннего свободного состояния (ассоциирующегося с душой). Декарт в своей концепции внес значительный исходный импульс в понимание этого сосуществования. По Декарту, только живое состояние, через действие субъекта, держит в целостности рацио, или пропорцию, между выразимым и невыразимым. Этот аспект философии Декарта подробно анализировал М.К. Мамардашвили в «Картезианских размышлениях»[2].

Дуальная природа мира концепции Декарта нашла попытку разрешения у Баруха (Бенедикта) Спинозы, который считал, что два атрибута (*cogitans* и *extensa,* среди бесконечного множества других, которые мы не воспринимаем) являются истинными характеристиками субстанции, которая есть причина самой себя (*causa sui*). Однако отношение двух «атрибутов» в этой «монистической» модели остается неразрешенным. Фундаментальный прорыв в направлении разрешения данной проблемы был осуществлен Готфридом Вильгельмом Лейбницем, который в некотором смысле возродил концепцию, намеченную в диалоге Платона «Парменид» о том, что «существующее одно» проявляется как «многое». Существующая *res cogitans* в философии Лейбница появляется как плюрализм монад, т.е. как множественность сосуществующих душ. Единая потенциальная душа одна (подобно Богу как «Бытию-возможности» в философии Николая Кузанского), и она проявляется как «предустановленная гармония», в которой многие актуализированные субстанции (монады) сосуществуют. В данной концепции *res extensa* представляет собой реляционное пространство-время сосуществующих и

---

[2] Мамардашвили М.К. *Картезианские размышления*. Прогресс, Москва, 1993.

«общающихся» монад. Хотя монады, согласно Лейбницу, «не имеют окон», они сосуществуют, и «объективный паттерн» их сосуществования формирует *res extensa*.

Проблема, как формируется пространство-время, была прояснена через два века после Лейбница в новом типе механики, которая основывается на представлении о реляционном пространстве-времени (в специальной теории относительности, СТО). Однако реляционная концепция пространства-времени была снова частично оттеснена в модернизированной концепции структуры субстанциального пространства-времени общей теории относительности (ОТО). Современная физика часто забывает реляционную природу времени при развитии теорий унификации (великого объединения). Лейбниц рассматривал пространство как реляционную упорядоченность сосуществований, а время – как реляционную упорядоченность последовательностей (это отражено, в частности, в его полемике с Самуэлом Кларком).

Наивысшее проявление предустановленной гармонии состоит во взаимодействии сознания и тела и параллелизме их функций. Согласно Лейбницу, сознание есть доминантный представитель локального кластера монад, коллективно составляющих человеческое существо (§63 «Монадологии»). Индивидуальные субстанции находятся в пространственном отношении друг к другу, но это реляционное отношение редуцируется в логике к нереляционным свойствам монад, «не имеющих окон». Таким же образом, временные отношения могут логически анализироваться как вневременные свойства индивидуальных монад. Это соответствует афоризму Гераклита: «Скрытая гармония лучше явной». Пространство, если мы следуем мысли Лейбница, есть множество, удовлетворяющее принципу универсальной гармонии монад, т.е. наблюдаемости мира. Такое представление о мире выводит объективность из относительности картины, представляемой «точкой зрения» единичной монады. Эта относительность соответствует неопределенности, присутствующей в формальном представлении мира одной монады. Временна́я эволюция мира служит преодолению этой неопределенности. Этот процесс не имеет ограничений и открывается в бесконечность.

Возможность «исчисляемого» мира реализуется только при наличии некоторых фундаментальных симметрий как предпосылок организации мироздания. Эти симметрии соответствуют фундаментальным физическим законам. В современной физике предустановленная гармония соответствует формулировке антропного принципа, согласно которому мы видим Вселенную такой, потому что только в такой Вселенной мог возникнуть наблюдатель. Математически выражаемые физические параметры могут точно соответствовать наблюдаемости мира «включенными» в него живыми организмами, которые имеют внутренний цифровой язык их собственного генетического описания с алфавитом и грамматикой, определяющий возможность появления свободной воли и сознания на высших ступенях эволюции. Теорема свободной воли Конвея и Коэна утверждает, что если мы имеем «свободную волю», ее предпосылки могут находиться на уровне элементарных частиц. Существующие значения фундаментальных констант и количество измерений пространства-времени могут являться единственным решением, которое разрешает существование экранированных когерентных состояний, соответствующих появлению жизни и сознания. Скорее всего, это единственное решение невозможно доказать математически. Мы можем только следовать эмпирическим данным, согласно которым это решение соответствует наблюдаемости физического мира. Иными словами, мы можем доказать истинность имеющихся значений фундаментальных констант так же, как Диоген доказывал существование движения ходьбой.

Обоснование того, что реально существует, может быть осмыслено вне опыта только если мы проведем бесконечно сложный анализ, учитывающий свойства всех монад. Этот анализ по определению нам недоступен, поэтому мы можем получить данное знание только эмпирически. Следуя философии Парменида, как она была описана Платоном в соответствующем диалоге, единое может существовать только во множестве сущностей. Эти сущности и соответствуют лейбницевским монадам. При этом не каждое множество монад составляет возможный мир, поскольку реализуемый мир должен быть внутренне согласованным, т.е. симфоничным.

Проявление *res cogitans* имеет место в мире *res extensa*, и эти два «атрибута» связаны через общее потенциальное поле (*res potentia*), которое соответствует «существующему единому» платоновского диалога «Парменид». Согласно логике этого великого опуса, единое, наделяясь существованием, становится многим. Это утверждение стало базовым принципом философии Лейбница. Множественность монад есть рефлексия потенциального единого в реальном существовании.

Реляционная Вселенная

Ключом к пониманию мира, в котором мы живем, являются представления о спатиотемпоральности, т.е. о природе пространства-времени. Исаак Ньютон считал, что мы живем в объективно существующей «клетке» пространства и времени, которые сами независимы от присутствия наблюдающего субъекта. Во время Ньютона сторонников относительности физического пространства-времени было немного, самым значительным из них был Готфрид Вильгельм Лейбниц. В физике реляционные концепции пространства-времени не имели существенного влияния (за исключением общих идей Рене Декарта) до того как Альберт Эйнштейн сформулировал специальную теорию относительности. Однако, общая теория относительности в ее фундаментальной основе возвращает нас к субстанциальности пространства-времени, которое отличается от ньютоновской «клетки» тем, что его геометрические свойства определяются распределением масс и описываются неевклидовой геометрией. Но основное свойство субстанции, ее «протяженность», в общей теории относительности сохраняется, тогда как в специальной теории относительности оно предстает как следствие измерения. Это не та концепция измерения, которая присутствует в квантовой механике, но она также зависит от наблюдателя, поскольку измерение осуществляется путем отправления световых сигналов, имеющих универсальную постоянную скорость. В общей теории относительности Эйнштейна структура пространства меняется, но его топология остается неизменной.

Важно отметить, что из всех философов Эйнштейн более всего уважал Спинозу. Спиноза рассматривал мышление (*cogito*) и протяженность как две характеристики (атрибута) универсальной субстанции (среди множества других атрибутов, не воспринимаемых человеческим сознанием). Лейбниц, развивавший реляционную концепцию пространства-времени, напротив, отказывался признать протяженность как универсальное свойство и оставлял базовой характеристикой субстанции только *cogito*. Суть его представления о Вселенной, как уже было сказано, состояла в ее рассмотрении как омниума самодостаточных единиц, называемых монадами, которые «не имеют окон». Поскольку такую картину мира достаточно сложно интерпретировать с точки зрения физики, она большей частью игнорировалась наукой. Однако эта задача остается чрезвычайно важной, если мы принимаем идею о фундаментальной реляционной природе пространства-времени.

Задача перевода философии Лейбница на язык современной науки является весьма актуальной. Принцип вычислимости физического мира может быть понят через осуществление некоторого рода «спонтанной активности» привносимой элементарными единицами (монадами), которые связывают математические уравнения с материализованным физическим миром. Самодвижущаяся монада реализует вычисление путем построения логического множества, встроенного в мир. Программы, реализуемые всеми монадами, определяют пространственно-временной физический мир, в то время как программа, осуществляемая единичной монадой, отображает его в своей системе отсчета.

Принцип «предустановленной гармонии» является элементарным условием, которое удовлетворяет возможности отображения всего внешнего мира в индивидуальных внутренних программах монад. Гармония не существует независимо от монад. Она появляется как возможное «уравновешивание» парадоксов в физическом мире. В основе существующей «версии» физического мира лежит планковский квант как мера минимально возможного действия монады. Данная интерпретация монадологического подхода не является идентичной той, которую исходно предложил Лейбниц, но концептуально она согласуется с ней. Сам Лейбниц в письмах и неопубликованных работах развивал идеи, которые отличались от оригинальной версии его монадологии. Например, в его неопубликованной работе по логике он рассматривал условие существования некоторого события как нахождение в гармонии с максимально большим числом других событий по сравнению с другими потенциальными событиями.

Предустановленная гармония может рассматриваться как результат постоянной активности по разрешению противоречий, а не как что-то данное *a priori*. Планковский квант формирует базовое условие пространственно-временного представления проекций монад во внешний мир. Монада Лейбница может рассматриваться как логическая основа физического мира, являясь реализованной в мире логической машиной. Каждая монада вычисляет свой собственный алгоритм и осуществляет собственные математические трансформации своих свойств независимо от других монад. Монады имеют свою внутреннюю активность: эта активность вызывает изменения, соответствующие внутренней логической структуре или, что более точно, непрерывному разрешению логического парадокса во времени. Это относительное разрешение непосредственно влияет на уже осуществленный (реализованный) мир.

Следуя Лейбницу, мы можем сказать, что первичная субстанция – это не число (как у Пифагора), но активность, которая генерирует число. Существование эквивалентно реализованному в ходе вычислительной активности числу, и эта активность принадлежит единой субстанции (монаде), наблюдающей себя в мире. Наблюдаемость с квантовомеханической точки зрения означает возможность осуществлять множественные квантовые измерения таким образом, что их результаты согласованы и формируют паттерн, который соответствует нашему обыденному ощущению абсолютного пространства-времени, общего для всех существований.

Наблюдаемое пространство-время есть на самом деле система отношений, но для условия наблюдаемости оно должно соответствовать критерию универсальности, выполняющемуся в определенных границах, установленных теорией относительности на верхнем пределе и квантовой механикой – на нижнем. Иными словами, внешнее пространство-время появляется как среда, в которой могут сосуществовать монады. Оно не может обеспечить существование всего потенциально возможного, но позволяет сосуществовать максимально возможному количеству возможных вещей или событий. Не любое множество монад есть возможный мир, поскольку любой реализуемый мир должен быть координирован, т.е. симфоничен: некоторые программы не могут воплощаться в телах и некоторые тела не могут сосуществовать с другими.

Физик, в отличие от математика, зависит от контекста, и этот контекст – Вселенная. Понять реляционную природу пространства-времени означает понять ее контекстуальную зависимость. Набор фундаментальных констант является наиболее общим контекстом физики. Он определяет и вводит условие предустановленной гармонии в наш мир. Эти константы соответствуют условию наблюдаемости мира. Они, возможно, сами могут изменяться в ходе некоторого метаэволюционного процесса, генерируемого историей решений, осуществляемых индивидуальными монадами. Предустановленная гармония проявляется, в соответствии с данными взглядами, не статично, а как процесс эволюции, в котором «подгонка» монад через актуализацию программ, которые они осуществляют, генерирует спатиотемпоральный мир. Этот мир разворачивается таким образом, что события, которые сами актуализируются через программы монад, взаимодействуют и формируют сложный актуализированный паттерн.

На основе монадологического подхода мы можем заново сформулировать принцип причинности. Внутреннее решение монады выполнить процедуру вычисления является базовой причиной, которая извне рассматривается как событие, происходящее в пространственно-временном мире. Согласно Лейбницу, монады внутренне самодостаточны, у них нет «окон», чтобы посмотреть наружу. На самом деле «окон» нет, чтобы воспринять внутреннее состояние другой монады, но внутренняя программа монады гармонизирует пространственно-временное представление в мире самой себя, что представляется как бы построением модели этого «окна». Возвращаясь к физике, мы наблюдаем внешний мир, генерируемый пространственно-временным представлением монад. Окно в этот мир на самом деле является окном в собственное пространственно-временное представление монады, т.е. оно не есть реальное окно, хотя оно помогает оценить возможности монады совершать действия в реляционном физическом мире.

Монада в физическом представлении может быть охарактеризована как единица, которая принимает решение осуществить квантовое измерение. Эти решения не обязательно означают наличие сознания, они означают наличие некоторой элементарной воли, производящей декогерентный результат, т.е. мы приходим к представлению, соответствующему концепции Шопенгауэра. Только тогда, когда все решения сохраняются в длительном когерентном состоянии, в котором иерархически более «высокая» монада управляет простыми монадами, появляется возможность сознания.

Иными словами, монада – это не физическая единица, а базовая семиотическая единица, определяющая физическое событие. Качественные характеристики монад представляют собой логическую основу пространственной структуры физического мира, которая возникает путем приведения математики в движение. Монады погружены в предустановленную гармонию, но ни одна из них не действует на другую непосредственно. Однако их «тела», т.е. пространственно-временные представления, в нашем восприятии действуют друг на друга.

Наблюдаемость в реляционном пространстве-времени

Развитие физики в XX столетии в целом следовало тенденции возвращения к субстанциальной концепции пространства и времени. Мы обсуждаем возраст Вселенной, ее образование в результате Большого взрыва, последующую инфляцию и расширение, и даже пытаемся понять, что было до Большого взрыва. Однако мы предпочитаем не обсуждать условия наблюдаемости Вселенной до Большого взрыва. Альтернативная общей теории относительности концепция Эдварда Артура Милна (1935) не включает гравитационное взаимодействие в космологическую модель. Это означает, что, согласно данной модели, свойство протяженности и расширения не является базовым и, следовательно, разница в подходах Эйнштейна и Милна сходна с различиями между концепциями Спинозы и Лейбница. Модель Вселенной Милна была развита далее в наброске теории, продолженной Джоном Кайнманом, который предложил концепцию «реляционной самоподобной пространственно-временной космологии»[3]. Эта теория развивает идеи реляционной биологии Роберта Розена[4] – математика, биолога и философа, который может рассматриваться как один из немногих последователей методологии Лейбница в современной науке.

Имеется несколько теорий, ставящих целью преодолеть возвращение к обновленной концепции субстанциального пространства-времени общей теории относительности. Одной из таких теорий является гравитационная теория Бранса-Дикке, в которой гравитационное взаимодействие опосредовано скалярным полем в дополнение к тензорному полю общей теории относительности. Гравитационная константа G в этой теории не является постоянной, но вместо этого $1/G$ заменяется скалярным полем ϕ, которое может изменяться в пространстве и со временем. Сингулярностей в реляционных теориях можно избежать,

[2]Kineman J.J. Relational self-similar space-time cosmology revisited. *Proceedings of the 54th Meeting of the International Society for System Sciences*. Waterloo, Canada, 2010.

[4] Rosen R. *Life Itself*. Columbia University Press, New York, 1991.

т.к. при приближении к сингулярности измеряющие объекты уменьшаются относительно длины волны космического микроволнового реликтового излучения, а атомные часы ускоряются относительно времени, измеряемого с помощью пика частот реликтового излучения. Философские проблемы, связанные с «возникновением» Вселенной при этом исчезают.

Теории, преодолевающие понятие субстанциального пространства-времени общей теории относительности, могут допускать некоторое отклонение от принципа эквивалентности инертной и гравитационной масс. Этот принцип в данных теориях может работать только в локальном пространственно-временном континууме. Вместо этого реляционные теории предполагают существование другой эквивалентности, основанной на соотношении локальной и нелокальной реальностей. Джон Кайнман рассматривает расширение пространства Вселенной как внутреннее изменение, происходящее вследствие взаимодействия локальной и нелокальной реальностей, а не как «кинематическое» движение предсуществующего пространства. Геометрия в данной космологической модели определяется через самоподобное отношение нелокального домена, представляемого измерениями, описываемыми комплексными числами, и локально-измеряемого пространства-времени, описываемого натуральными числами. Эффект плотности массы интерпретируется здесь как изменение масштаба, при котором базовая самоподобная геометрия остается инвариантной по отношению к любому изменению плотности массы, поскольку сам гравитационный эффект представляет собой самоподобное изменение масштаба, которое оказывает влияние на локальное измерение пространства-времени. Согласно данной концепции, универсальную геометрию определяет специальная теория относительности, тогда как общая теория относительности имеет локальный характер, определяя динамику локальных аномалий плотности масс. Эти локальные аномалии плотности масс имеют некоторое сходство с вихрями Декарта, который предложил первую завершенную модель Вселенной еще до того как Ньютон разработал свою субстанциальную модель. Модель Декарта имеет некоторые реляционные характеристики.

Представляется очевидным, что трудности объединения квантовой механики и общей теории относительности коренятся в погруженности физиков в субстанциальные представления о пространстве и времени. Единственный путь преодоления этого представления и концептуального объединения квантовых и релятивистских явлений состоит в последовательном развитии реляционной концепции пространства-времени не только в связи с коммуникацией наблюдателей, обменивающихся световыми сигналами, как в специальной теории относительности, но и в связи с редукцией потенциальных возможностей при квантовом измерении. Согласно Кайнману, реляционная космология может быть построена на расширенном принципе эквивалентности, который утверждает эквивалентность пространства и мнимого времени. Эта эквивалентность может быть представлена простым уравнением $d = ct$, где d есть локально измеренное расстояние, c – скорость света, и t – локально наблюдаемое время. Скорость света является именно мерой связи (коннективности) между местоположениями. Она определяет связь между локально измеренными координатами пространства и времени, и, следовательно, должна быть константой, когда определяется внутри пространственно-временного домена, который она определяет.

Пространственно-временной континуум, вследствие принципа самовозрастания (расширения) домена при квантовом измерении, обладает свойством внутреннего расширения. Расширение, возникающее как следствие отношения между потенциальным и актуальным при квантовом измерении рассматривается в моей статье, посвященной биологической эволюции[5]. Масса сохраняется в локально измеряемых пространственно-временных координатах. Соотношение между наблюдаемой частью природы и скрытой «потенциальной» частью природы

---

[5] Igamberdiev A.U. Time rescaling and pattern formation in biological evolution. *Biosystems* 123, 19-26, 2014.

моделируется, согласно Кайнману, как мнимый пространственно-временной домен, геометрически представляемый радиальным пространством Минковского. Несмотря на то, что локальные пространство и время обычно описываются с помощью натуральных чисел, общее соотношение между ними является гиперболическим в соответствии со специальной теорией относительности. Когда это соотношение отображается как радиальная геометрия, оно предстает внутренне динамическим (расширяющимся) и самоподобным во всем масштабе. Геометрия этого пространства имеет свойства расширения, происходившего с самого начала и продолжающегося в настоящем времени. Данное представление элиминирует «световые конусы», и все области в этой модели являются реально существующими и наблюдаемыми доменами, в то время как домен общей, нелокальной реальности представлен мнимыми координатами, существующими одновременно с измеряемыми локальными доменами.

Отношение между радиальным доменом Минковского, описываемым комплексными числами, и локальным пространственно-временным континуумом моделируется отношением между фазовым временем (ict, $i\theta$) и локальным пространством-временем (d,t). В данной концепции не имеется предпочтительной шкалы координат для континуума и не имеется абсолютной координатной системы, кроме истории, т.е. только в нашем космологическом наблюдении мы можем наблюдать эффекты плотности массы. Закон сохранения массы работает в локальном пространственно-временном континууме, глобально же генерация массы является слсдствием саморасширяющейся геометрии, описывающей глобальный континуум из локального. Сохранение локального отношения между пространством, временем и световым сигналом предстает как движение элементарных частиц, т.е. как конверсия массы в кинетическую энергию.

В реляционной модели геометрические свойства пространства-времени относятся к его прошлой истории, наблюдаемой из локального домена. Модель, таким образом, описывает тип самоорганизации, в котором сингулярность, соответствующая Большому взрыву, естественно появляется как наблюдаемое событие и имеет относительную реальность. Реляционный взгляд на Вселенную может также устранить необходимость в «темной энергии» для коррекции стандартной модели, при этом добавляется дуальность референции временной координаты – она предстает в двух модусах, внутреннем и наблюдаемом. Расширение пространственно-временного континуума при этом соответствует «Самовозрастающему Логосу» Гераклита. Говоря о дуальности референции временной координаты в реляционной космологической концепции, мы можем отметить, что Аристотель в «Физике» рассматривал два вида времени: время, с помощью которого мы считаем, и время, которое мы считаем.

Внутреннее изменение масштаба мы наблюдаем в биологии в процессах морфогенеза и эволюции: достаточно обратиться к классической книге Д'Арси Томпсона «О росте и форме». Отношение между локальной и нелокальной реальностью наиболее глубоко выражено в биологическом мире, где оно определяет локальное «расширение» в ходе индивидуального и эволюционного развития. Локально измеряемое пространство-время биологических организмов в смысле Д'Арси Томпсона трансформируется посредством того, что Давид Бом назвал «скрытым порядком» (*implicate order*), который соотносится с доменом, описываемым мнимыми числами. Соотношение между мнимым и реальным доменом может быть описано «моделируемым отношением» (*modeling relation*) Роберта Розена. Эти два домена имеют контекстуальное семиотическое отношение, кодифицируя друг друга. Их соотношение предстает как формальная причина концепции причинности Аристотеля.

Вселенная в концепции Кайнмана состоит из единиц, называемых холонами, которые в некотором смысле сответствуют лейбницевским монадам. Они имеют одновременно свойства локальности и нелокальности. Эвереттовская (многомировая) интерпретация квантовой механики верна в этих отдельных доменах, но не работает между доменами. Реальность суперпозиции волновой функции ограничена одной монадой и не расширяется вне ее, и в этом смысле монады «не имеют окон», как исходно утверждал Лейбниц.

В заключение можно повторить, что гравитация в реляционной модели пространственно-временного континуума имеет только относительный локальный смысл, но не имеется абсолютной системы отсчета для масштаба пространства-времени, кроме истории. Большой взрыв появляется в наблюдаемом пространстве-времени как историческая сингулярность, имея относительную, но не абсолютную референцию. Локальные пространственно-временные домены имеют эвереттовские свойства (являясь суперпозицией волновых функций), в них также определена необходимость универсального сигнала (скорости света), при котором свойство согласованности разных доменов соблюдается и все домены равноправны. Локальный выбор пространственно-временного домена в квантовой механике происходит из недифференцированного целого и, в конечном счете, приводит к общему выравниванию (*alignment*), появляющемуся как единое наблюдаемое пространство-время неэквивалентных наблюдателей. Мир, таким образом, представлен отношением между локально реализующимся существованием, которое воспринимается чувствами, и нелокальным существованием, имеющим абсолютный смысл (как бытие-возможность Николая Кузанского). Это отношение предстает для нас как предустановленная гармония множественных локальных существований (монад).

Проблема субъекта в реляционной Вселенной

Итак, монада имеет внутреннюю активность, относимую к ее «эго» («селфу», *self*). Эрвин Шредингер в 1940-х годах первый предположил, что природа эго квантовомеханическая, оно есть состояние до квантовой редукции, которое само генерирует порождающие события, привнося квантовую редукцию и наблюдая ее. Позднее (в 1970-х годах) Е.А. Либерман выдвинул идею, что внутреннее эго погружено не в молекулярные, а в квантовые структуры. Экранированные области внутренних квантовых состояний могут быть местом принятия решений. Мы приходим к представлению о том, что восприятие и принятие решений физически возможны как события, экранированные от декогеренции в среде, подобной конденсату Бозе-Эйнштейна. Иными словами, эго присутствует нелокально внутри квантового состояния, тогда как локальность пространства находится вне его. Действие эго выявляется как локализованное во внешнем пространстве, которое реляционно расширяется.

Внутреннее решение, принимаемое регуляторной системой, проявляется таким образом, что внешний наблюдатель описывает его вероятностной (волновой) функцией. Причина такого поведения восходит к принципиально невычисляемому (т.е. свободному) решению контролирующей системы (монады), которое предшествует актуальному событию. Когда мы формализуем принимающую решение (физическую) систему, мы трансформируем ее в программу для макроскопического компьютера, не имеющего внутренней точки зрения и свободы воли. Однако внутренние измерения осуществляются из квантового состояния. Они могут оцениваться из будущего времени, т.е. с точки зрения совершенства конечной причины (в аристотелевском смысле). Нестабильная квантовая суперпозиция коллапсирует в соответствии с принципом неопределенности «энергия-время» $E = \hbar/T$, где E – энергия суперпозиционной системы, $\hbar$ – постоянная Планка, а T – когерентное время до момента редукции. Энергия суперпозиционной системы обратно пропорциональна времени до коллапса волновой функции.

С появлением сознания возникает инструмент, детектирующий остальной мир. Сознание и социальное человеческое существо появляются, когда представление о целостности, об абсолютном кодируется в семиотической системе. Человек, таким образом, может моделировать картину реальности, которая для него внешняя, но в которую он погружен, и обе эти реальности постоянно изменяются. Это изменение и определяет социальное развитие человечества, которое начинается с включения идеи актуальной бесконечности в систему культуры.

Физическое тело сигнифицирует эго и является «домом» его внутреннего квантового состояния. Пока организм жив, он поддерживает связь с этим состоянием. Когда связь теряется, потенциально она может вновь возникнуть как творческий акт в другой пространственно-временной единице, гармонически включенной в бесконечный универсум монад. Мы не можем описать этот переход более конкретно, поскольку он трансцендентен. В семиотической системе более высокого уровня, очевидно, можно будет если не описать, то эксплицитно «показать» этот переход. Но данная сигнификация находится вне обычного человеческого языка, появляясь в нем как неописуемая загадка или же как ее отсутствие, но тоже неописуемое.

Антропный принцип является прямым следствием данной организации мира. Мы наблюдаем себя «встроенными» в целостный мир, который можно «посчитать» посредством вычислительных операций. Это означает, что мы наблюдаем мир из внутреннего когерентного состояния и наши восприятия (цвета, звука) представляют собой квантовые феномены связанные с макроскопическими процессами, такими как электромагнитные и звуковые волны и т.д. На квантовом уровне нет разделения субъекта и объекта, они появляются как результат принятия решения. Жизнь инкорпорирует базовые принципы вычисления и в процессе эволюции преодолевает физические пределы вычислимости.

Пространство-время как объективный паттерн общающихся наблюдателей

Каково происхождение пространства-времени как «одного общего мира (др.-греч. κοινὸς κόσμος) бодрствующих» (Гераклит)? У нас имеется интуитивное ощущение субстанциальности (и объективности, соответствующей этой субстанциальности) пространства-времени, хотя эта кажущаяся субстанциальность может происходить из единых реляционных принципов, реализующихся при наблюдении. Имеются разные типы объективности: одна (идеальная, вневременная, платоновская) соответствует объективности математического мира («мышление общее для всех» по Гераклиту), и другая (реальная, временная, демокритовская) – объективность наблюдаемого физического мира. Эти два типа объективности онтологически различны: в первой объективность выражается через самодостаточность и согласованность, а во второй объективность базируется только на «здравом смысле», и не находится никакой другой причины для ее обоснования. Развитие физики было стимулировано через осознание данной проблемы, т.е. через необходимость обоснования объективного физического мира. В XX веке физика перешла от субстанциального к реляционному пониманию пространства-времени. При этом остается вопрос: если пространство – это отношение и время – отношение, почему мир один для всех наблюдателей? Ответом на данный вопрос может служить утверждение, что физическая (демокритовская) объективность имеет то же основание, что и математическая (платоновская) объективность, – она основывается на существовании стабильных каузальных петель (циклов). Погружение разных наблюдателей в одну и ту же историю приводит к постоянному возобновлению этих циклов восприятия, многократно воспроизводящихся внутри омниума наблюдателей и вписывающихся в этот омниум.

Физически воплощенная рефлексивная петля обладает определенными параметрами, которые делают ее объективно существующей. Эти параметры включают значения, которые могут одинаково повторяться во всех петлях, если они сосуществуют. Роберт Розен однажды выдвинул идею о том, что единственным решением проблемы объективности является осознание того, что замкнутые причинные петли несут в себе свойство всеобщности, т.е. только они являются легитимными объектами научного исследования. Системы, содержащие каузальные рефлексивные петли, должны содержать внутренние модели, имеющие свойство непредсказуемости в процессе самореференции[6].

---

[6] Rosen R. Drawing the boundary between subject and object – comments on the mind-brain problem. *Theoretical Medicine* 14, 89–100, 1993.

Рефлексивные петли включают в себя внутреннего наблюдателя – своего рода квантовомеханического Демона Максвелла.

Платоновский объективный мир есть континуум чистых математических сущностей до того как «цена действия» (выражение Е.А. Либермана) заплачена за его воплощение, в результате которого возникает физический мир. Все парадоксы и противоречия, существовавшие в чистой математической реальности, должны быть «разведены», когда воплощаются в физической реальности, и средством этого разведения является время, разделяющее в линейной последовательности противоположности, в результате чего начинается история. «Цена действия» установлена значениями фундаментальных констант. Когда значения констант вводятся в разветвленную структуру квантовых измерений, порождая согласующиеся множества, это ведет к реализациям, которые совместимы с наблюдаемостью и процессами сознания. Это и есть простое объяснение антропного принципа, утверждающего, что значения фундаментальных констант и параметров в нашем мире уникальны и точно соответствуют выбору, согласующемуся с возможностью жизни и сознания в физической Вселенной.

Представленный выше подход к пониманию объективности восходит к ранним философам. В диалоге Платона «Парменид» происхождение и развитие множественности следует из логики, вытекающей из существования одного через самореферентный логический процесс генерации чисел. Парадоксально, что этот процесс видится сознанием в противоположном отображении: то, что мы видим – это сложность мироустройства, а его единство ощущается разумом, но непосредственно не наблюдается. В новую эру подход к видению мира как согласующейся истории (*consistent history*, которая затем появляется в квантовой механике) обнаруживается у Лейбница, в частности, в неопубликованной в его время логике: существование соответствует множеству событий, которые согласованы с бóльшим числом других событий, чем другие возможности. Согласно Лейбницу, изменение есть в меньшей степени трансформация, нежели упорядоченное открытие истины, сотворение которой имеет место вне временного порядка. В этом подходе объективность пространства-времени является реляционной (относительной). Она относительна и у Канта, в философии которого «вещь в себе» может рассматриваться как суммация возможных историй, в то время как перцепция (восприятие) селектирует «реальные» вещи в трехмерном пространстве (необязательно эвклидовом) посредством некоторого недетерминированного перехода. Объективность пространства-времени привходит как фиксированное условие восприятия, генерирующее феноменальную реальность наблюдаемого мира.

В XX веке в философии Уайтхеда актуальное событие не рассматривается как исходно устойчивое, напротив, оно есть процесс сплетения вместе схватываний (*prehensions*) тех актуальных событий, которые предшествовали данному актуальному событию. Это сплетение Уайтхед называл сращением (*concrescence*). Актуальное единство есть сплетение: это процесс срастания непосредственного прошлого в единую перспективу. Так возникает на высшем уровне и сознание как часть единой семиосферы (термин Ю.М. Лотмана), в которой устойчивой основой низшего уровня выступает физическое пространство-время, а индивидуальные пространства-времена, ассоциированные с монадами, образуют структурированное множество разнообразных взаимодействий.

Пространственно-временные отношения между объектами физической вселенной организуются через пределы вычислимости. Эти пределы определяются минимальным действием, конечной скоростью наблюдения и соответствием результатов измерения эволюции различных ветвей волновой функции. Последнее определяет паттерны пространства и фрактальные свойства его вложений. Предпосылка, что все наблюдатели эквивалентны, генерирует объективный паттерн пространства-времени в теории относительности. Однако эквивалентность наблюдателей есть некоторая аппроксимация, а в реальности пространственно-временные паттерны, генерируемые наблюдателями, приобретают относительную общую эквивалентность посредством некоторого процесса согласования (фиттинга). Этот процесс становится более униформным с появлением живых систем, в которых функционируют сходные рефлексивные циклы, взаимодействующие с относительной предсказуемостью. Живые системы, являясь квантовомеханическими наблюдателями с различными временными параметрами (часами), взаимодействуют и генерируют постоянно эволюционирующий ландшафт.

Объективные паттерны, формирующиеся в реляционной вселенной, являются необходимым условием функционирования рефлексивных петель. Эти петли, появляясь независимо друг от друга, имеют общие свойства, согласующие их функционирование в разветвленной цепи актуализаций. Объективность истины разума в логике субстанцирует объективность истины факта в физическом мире. Актуальная физическая объективность имеет свое происхождение в идеальной объективности базовых логических структур мира. Эти структуры актуализируются посредством уникального набора физических параметров, делающих мир наблюдаемым и познаваемым.

Реальность нам представляется как множество самоподдерживающихся рефлексивных систем, выражающих себя вовне (на макроскопических масштабах) и взаимодействующих через постоянный процесс сигнификации (редукции в микромасштабах), что обеспечивается универсальными математически описываемыми законами, гармонизирующими взаимодействие этих систем. Сообщение между различными цивилизациями может выявить объективные паттерны, которые будут отличаться от тех, которые мы наблюдаем внутри нашей цивилизации. Эти паттерны могут быть осознаны только в семиотической системе высшего уровня, которая обеспечит новый тип коммуникации в космических масштабах. Этот тип коммуникации, очевидно, может быть связан с установлением когерентного взаимодействия, пронизывающего космические расстояния. Мы не можем этот вопрос обсуждать в деталях из-за значительной неопределенности, но, очевидно, данная коммуникация может оказаться основой прогрессивной эволюции в масштабах космоса. Установление новой когерентности приведет к формированию семиотической системы высшего уровня, которая объединит различные проявления сознания и приведет к формированию ноосферы в масштабах Вселенной (космической ноосферы). Мы можем определить этот процесс как продолжение глобализации в космосе (универсализация, или космическая глобализация). Развитие семиотической системы высшего уровня через включение трансцендентного в систему нового языка приведет к новому типу эволюции в том же смысле, как биологическая эволюция началась с появления генетического кода, а социальная эволюция – с появления человеческого языка.

Следующий уровень когерентного взаимодействия может проявиться между множественными вселенными мультиверса, но нам сейчас далеко до обсуждения этой возможности. Предполагается, что различные вселенные мультиверса могут различаться разными наборами фундаментальных констант, и только те из них, которые соответствуют антропному принципу, могут быть наблюдаемыми непосредственно, хотя возможно опосредованное обнаружение остальных вселенных.

Выражение абсолютного в симфонической Вселенной

Только представление о Вселенной как реляционной сущности может инкорпорировать смыслы и избегнуть противопоставления механицизма и креационизма. Нереляционная вселенная представляла бы мертвое пространство, наблюдение которого соответствует мысли Гераклита: «Смерть – все, что мы видим, когда бодрствуем, а все, что мы видим, когда спим есть сон». Концепция реляционной вселенной позволяет понять утверждение Шопенгауэра о том, что «этот наш столь реальный мир со всеми его солнцами и млечными путями – ничто». Это утверждение относится к нереляционной вселенной. Мир не ничто, он не нереален, он реляционен.

Автономная этика имеет основополагающее значение именно в реляционной Вселенной. Так же, как реляционное локальное пространство-время унифицирует картину общего для всех пространства-времени на основе универсальности и согласованности, что создает иллюзию его похожести на субстанциальную «клетку», унификация реляционных систем генерирует необходимость абсолютной моральной ответственности. Это лежит в основе автономной этики. Автономная этика, согласно Лейбницу, основана на различении двух видов истины: истины разума и истины факта. Истина разума необходима, и ее противоположность невозможна, истина факта – условна, и ее противоположности возможны. В основе автономной этики лежит категорический императив Иммануила Канта. Владимир Лефевр в книге «Космический субъект» предположил, что категорический императив может стать основой коммуникации различных цивилизаций в космосе, в которой устанавливается понимание морали как «учения не о том, как мы должны сделать себя счастливыми, а о том, как мы должны стать достойными счастья» (И. Кант). Это делает слова Данте «...l'amor che move il sole e l'altre stele» («Любовь, что движет солнце и светила») универсальной (во всех смыслах) реальностью, т.е. основой для универсальной этики, расширенной на весь космос. В этом космосе «omne possibile exigit existere» (все, что возможно, имеет потребность существовать) (Лейбниц).

Этос (ἦθος), согласно Аристотелю, представляет собой путь регуляции человеческого поведения без прямого соотнесения с идеальными основаниями. Этический человек устанавливает свое персональное отношение к бесконечному. Идея абсолютной бесконечности в Христианстве предстает как идея абсолютной личности Иисуса Христа. Эта идея трансцендентного в абсолютной личности разделяет мир на конечный и бесконечный. Идея актуальной бесконечности, основанная на платонизме, в христианской теологии восходит к Николаю Кузанскому (1401-1464).

Принципы абсолютной этики сформулированы в Христианстве следующим образом: «Кто из вас без греха, первый брось в нее камень» (*Иоанн 8:7*); «Закон дан чрез Моисея; благодать же и истина произошли чрез Иисуса

Христа» (*Иоанн 1:17*). В этих словах Иисуса Христа сформулированы фундаментальные принципы автономной этики, принципиально отличающиеся от прямого установления нравственного кода. Христианство в его глубинной интерпретации является религией, основанной на автономной этике. Автономную этику практиковал Сократ. Принципы автономной этики мы находим и в Буддизме. Автономная этика объективна и тотальна в положительном смысле. В неканоническом Евангелии от Фомы (стих 11) Иисус говорит: «Это небо прейдет, и то, что над ним, прейдет, и те, которые мертвы, не живы, и те, которые живы, не умрут». Согласно Канту, нет ничего в мире, что мотивировало бы человека сохранять человеческое достоинство, кроме собственной доброй воли.

Человеческий язык имеет свойство «с помощью конечного набора букв выражать абсолютное» (Ю.А. Шрейдер), при этом сохраняются пределы этого выражения, в смысле того, что Людвиг Витгенштейн обозначил как «пределы языка означают пределы моего мира» (*Логико-философский трактат, 5.6*). Когда мы приближаемся к трансцендентному, «о чем невозможно говорить, о том следует молчать» (*Логико-философский трактат, 7*).

В то время как генетическая семиотическая система основана на внутреннем коде, а система человеческого языка привносит возможность описания внешнего мира, задачей третьей семиотической системы должно являться выражение трансцендентного. Согласно Витгенштейну, «философия есть борьба против зачаровывания нашего интеллекта средствами нашего языка» (*Философские исследования, §109*). Чтобы выиграть эту борьбу, необходимо подняться к новой семиотической системе, которая может представлять собой генерализацию музыкального языка до универсального языка, независимого от материального носителя. Музыка в человеческом обществе появилась как антиципация семиотической системы высшего уровня в универсальном масштабе. Эта роль музыки была очевидна для Пифагора. Согласно Лейбницу (письмо к Гольдбаху), «*Musica est exercitium arithmeticae occultum nescientis se numerare animi*», что означает, что «музыка есть скрытое арифметическое упражнение души, не осознающей, что она считает». Музыка – это единственное искусство, имеющее строгую внутреннюю логику развития во времени. Звуковая основа не является единственно необходимой материей музыки, ее выражение может быть генерализовано и потенциально стать независимым от звуков. Высшая семиотическая система станет религией (от латинского *religaro* – воссоединять) общения цивилизаций, которая обеспечит конструктивный пафос для этого универсального общения. Физической основой новой семиотической системы станет космическая квантовая когерентность. Эта когерентность позволит установить контакты с другими формами сознания во Вселенной, а ее паттерн будет включать пифагорейские пропорции.

Шопенгауэр считал, что воздействие музыки настолько сильнее, чем воздействие других искусств, что о других искусствах мы можем говорить как о тени, в то время как о музыке как о сущности. Согласно Шопенгауэру, музыка не есть выражение какой-нибудь ступени объективации воли, она есть «снимок самой воли», она есть полнейшее мистическое выражение её глубочайшей сущности. «Она стоит совершенно особняком от всех других. Мы не видим в ней подражания, воспроизведения какой-либо идеи существ нашего мира; и тем не менее она представляет собой великое и прекрасное искусство, так сильно влияет на душу человека и так полно и глубоко, понимается им в качестве всеобщего языка, который своею внятностью превосходит даже язык наглядного мира, -- что мы несомненно должны видеть в ней нечто большее, чем *exercitium arithmeticae occultum nescientis se numerare animi* [бессознательное арифметическое упражнение души, не ведающей, что она считает], как определил ее Лейбниц, – который, однако, был совершенно прав постольку, поскольку он имел в виду лишь ее непосредственное и внешнее значение, ее оболочку. Но если бы она была только этим, то доставляемое ею удовлетворение было бы подобно тому, какое мы испытываем при верном решении арифметической задачи, и оно не могло бы быть той внутренней отрадой, какую доставляет нам выражение сокровенной глубины нашего существа. Поэтому, с нашей точки зрения, имеющей в виду эстетический результат, мы должны приписать ей гораздо более серьезное и глубокое значение: оно касается внутренней сущности мира и нашего я, и в этом смысле числовые отношения, к которым может быть сведена музыка, представляют собой не означаемое, а только знак. То, что она должна относиться к миру в известном смысле как изображение к изображаемому, как снимок к оригиналу, это мы можем заключить по аналогии с прочими искусствами, которым свойствен этот признак и воздействие которых на нас однородно с воздействием музыки. Последнее только сильнее и быстрее, более неизбежно и неотвратимо. И ее воспроизведение мира должно быть очень интимным, бесконечно истинным и верным, ибо всякий мгновенно понимает ее; и уже тем обнаруживает она известную непогрешимость, что форма ее может быть, сведена к совершенно определенным правилам, выражаемым числами и она не может уклониться от этих правил, не перестав совсем быть музыкой. И все же точка соприкосновения между музыкой и миром, то отношение, в силу которого она является подражанием миру или воспроизведением его, таится очень глубоко. Музыкой занимались во все времена, но не отдавали себе в ней отчета: довольствуясь ее непосредственным пониманием, отказывались от абстрактного постижения этого непосредственного понимания» («*Мир как воля и представление», §52*). Противоречие Шопенгауэра и Лейбница здесь мнимое, т.к. Лейбниц не определяет математику только как формальную активность: когда мы восходим к ее трансцендентной сущности, противоречие исчезает.

Глубокое понимание музыки как языка высшего уровня имеется в концепции Эдмунда Гуссерля. В анализе Гуссерлем внутреннего времени сознания музыка предстает как пример темпорального опыта. Музыкальное восприятие основано на редукции сознанием акустической и пространственно-временной множественности в некоторое единство. Это единство предстает как время-объект, но в то же самое время сознание способно воспринимать все звуковые изменения в соотнесении со своим внутренним временем. Это внутреннее время позволяет генерировать новые и новые ритмы, соотнося их с единой линией временной последовательности.

Универсальная музыка может восприниматься независимо от ее материального носителя. Как это будет достигнуто в будущем, мы сказать сейчас не можем, поскольку это относится к будущей эволюции носителей сознания. Какие сущности будут общаться посредством высшей семиотической системы? В.А. Лефевр считает, что это будут плазмоподобные существа, но все будет зависеть от того, какой тип телесности лучше поддерживает долгоживущие когерентные состояния. Мы здесь можем оценить значение идей Плотина, разработавшего философскую систему космической иерархии трансцендирующих сущностей разной степени телесности. Развитие высшей семиотической системы приведет к наиболее полному осознанию единства индивидуальной души и трансцендентной реальности (Атмана и Брахмана – на языке индийской философии). Это единство выражено Тейяр де Шарденом как Точка Омега. Эта точка, согласно Тейяру, соответствует максимальному уровню сложности и сознания, к которому стремится эволюционирующая Вселенная. Эта точка вместе с тем независима от эволюционирующей Вселенной, соответствуя в концепции Тейяра христианскому Логосу. Она вневременна, персональна (не является абстрактной идеей), трансцендентна и необратима (с необходимостью достижима). Вместе с тем, она не исключает временно́й эволюции в локальных доменах Вселенной.

Темпоральность реляционного мира, согласно Лейбницу, состоит в том, что «всякое настоящее состояние простой субстанции, естественно, есть следствие ее предыдущего состояния... настоящее ее чревато будущим» («*Монадология*», *§22*). «А так как в идеях Бога есть бесконечное множество возможных универсумов, из которых осуществиться может лишь один, то необходимо достаточное основание для выбора, которое определяет Бог скорее к одному, чем к другому. Эта причина может лежать только в соответственности или в степенях совершенства, какое содержат в себе эти миры (Mundes), ибо каждый возможный мир имеет право требовать для себя существования по мере совершенства, которое он заключает в себе» (*параграфы 53 и 54 «Монадологии»*).

Мы приходим к следующему заключению. Обладая свободной волей и сознанием, мы можем принять этот мир или отвергнуть его (т.е. дать оптимистическую или пессимистическую этическую оценку нашему существованию), но математически формулируемые физические параметры мира могут уникально соответствовать его наблюдаемости включенными в мир живыми организмами. Свойство наблюдаемости мира само по себе генерирует уникальное решение для возможности появления свободной воли и сознания.

ГОРИЗОНТ БЫТИЯ В МУЗЫКЕ

Musik höhere Offenbarung ist als all Weisheit und Philosophie

Людвиг ван Бетховен, из письма Беттины фон Арним И.В. Гете 28 мая 1810 г.

И.С. БАХ И ЛОГОС МИРОЗДАНИЯ

Существует геометрия в звучании струн, музыка в пространстве между сферами
Пифагор

Музыка как рефлексия целостности мироздания

Музыка – это вид знания, знания о целостности мироздания. Это знание мы можем рассматривать как рефлексию из бесконечности (потенциального поля) в конечное упорядоченное множество звуков. В противоположность другим видам искусства музыка упорядочена во времени. Согласно М.А. Аркадьеву[7], музыка может представляться как структурированное молчание, и незвуковые акценты играют еще большую роль в музыке, чем звуки. Потенциальное поле – это всегда противоречивое множество возможных реализаций, и оно беззвучно само по себе. При сотворении музыкального произведения это множество реализуется как последовательность звуков, организованная во времени. Наиболее яркий пример квази-рациональности данного процесса – это фуга, при построении которой музыкальное сочинение становится подобным математической креативности. Математика и музыка рассматривались как сходные искусства в философии Пифагора. Музыка может представляться более рациональной по структуре в барокко и классицизме и более

---

[7] Аркадьев М.А. Структуры времени в новой европейской музыке. Библос, Москва, 1993.

иррациональной в романтизме. Она может быть скорее рациональной по форме, но как рефлексия из бесконечности она не может быть полностью представлена в конечных категориях, генерируя множество интерпретаций. Математика имеет дело с конечными процессами, являющимися пределами бесконечных процессов. Но, поскольку из-за парадоксальных свойств времени, описываемых например апорией Зенона «Ахиллес и черепаха», эти пределы реализуются в течение конечных интервалов времени, они не могут получить окончательного разрешения. А без этих парадоксов музыка не существует. Бесконечные пределы обнаруживаются в музыкальных структурах. Например, золотое сечение как предел итерации рефлексивных измерений, согласно В.А. Лефевру[8], является также важной мерой европейской музыкальной традиции.

Мы можем также вспомнить слова Густава Малера: «Для меня написать симфонию значит всеми средствами существующей музыкальной техники построить мир». «Построить мир» означает реализовать конечными средствами кантовскую «вещь в себе», и музыка является для этого полем действия. Альберт Эйнштейн сказал об основной идее теории относительности: «Эта мысль пришла ко мне интуитивно, а движущей силой интуиции была музыка. Мое новое открытие стало результатом музыкального восприятия».

Фуга и знание о мироустройстве

Попробуем проанализировать музыку с точки зрения прояснения основных онтологических вопросов Бытия. Это прояснение не будет глубоким музыкальным анализом, но, скорее, интуитивным дискурсом в основные философские проблемы, которые возникают при прослушивании величайших произведений музыки. Эти проблемы отражены в двух эпиграфах к данной статье. Хотя Гераклит, которого можно охарактеризовать как философа воплощения Логоса в

---

[8] Lefebvre V.A. The fundamental structures of human reflexion. *Journal of Social and Biological Structures* 10, 129-175, 1987.

Физисе, не уважал Пифагора, являющегося философом чистого Логоса, мысли обоих философов имеют прямое отношение к идеям данной статьи. В данной связи мы можем провести параллели от И.С. Баха и Л. ван Бетховена к Платону и Аристотелю. Для Пифагора и Платона *«techne mousike»* – это математическое (или метаматематическое, говоря современным языком) действие.

Идея о том, что музыка может управлять человеческими, природными и сверхприродными силами, определяет музыку как метафизическую дисциплину, имеющую отношение к космологии и социальной антропологии. Пифагор был убежден, что универсальная космическая гармония и музыка переносят нас из мира становления в мир бытия. Эта мысль далее развивалась Платоном и была возрождена Лейбницем в его письме Гольдбаху: *«Musica est exercitium arithmeticae occultum nescientis se numerare animi»* [«Музыка есть бессознательное упражнение души в арифметике»]. Напротив, Аристотель анализировал музыку в рамках «практической философии». По его мнению, музыка предполагает производство (*poiesis*) того, что имеет этический смысл и осуществляет катарсисный (очищающий) эффект на душу. Следуя Аристотелю, музыка ближе к этике, чем к чистой математической активности.

Данный контекст может быть применен к анализу И.С. Баха и Л. Бетховена. Мы не анализируем здесь В.А. Моцарта, потому что его музыка стремится освободиться от такого анализа. Она выражает сверхприродную связь между двумя реальностями – логической и физической – и в какой-то мере свободна от борьбы между номинализмом и реализмом. Моцарт выражает то удивительное единство, которое легко услышать, но очень трудно интерпретировать. В музыке Баха выражает себя управляющий миром Логос (идеальный мир Пифагора и Платона), а в музыке Бетховена – Физис (реальный мир Аристотеля), тогда как Моцарт представляет то Ускользающее или Неуловимое (*fugacior* по-латински), которое объединяет обе эти сущности и персонифицировано как Святой Дух в христианской традиции или как Эрос в платоновской философии. Следуя Гераклиту, мы можем сказать, что одна и та же сущность появляется в мысли как Логос, в мире как Огонь, а вместе как Космос. В византийской традиции она называется София. Святослав Рихтер сказал: «Моцарта надо остановить, чтобы успеть рассмотреть... Но именно это и недоступно»[9]. Давайте же не будем анализировать далее здесь Моцарта и оставим его обозревать наши дебаты с Небес.

Фуга представляет собой одну из самых сложных, возможно, самую сложную форму музыкальной структуры, из всех когда-либо придуманных. И.С. Бах, можно сказать, заново открыл фугу, и в пространстве одной своей работы, *«Die Kunst der Fuge»*, усовершенствовал ее до максимально возможной степени. Мы начнем с анализа творчества Баха и сравним его с творчеством Бетховена, поскольку Бах представляет пифагорейскую традицию, в особенности в его поздних произведениях, прежде всего в *«Die Kunst der Fuge»* («Искусство фуги»). Вполне логично сравнить *die Kunst der Fuge* Баха и *die Grosse Fuge* Бетховена. Оба произведения могут рассматриваться как гениальные «упражнения» каждого из композиторов. Однако Бах «упражнялся» в области Логоса, тогда как Бетховен – в области воплощения Логоса в имманентной реальности (в области Физиса). Поэтому музыка Баха, особенно в поздних инструментальных творениях, представляется как внутреннее творческое развитие логики мысли, тогда как Бетховен отображает и воспроизводит процесс воплощения мысли в реальном мире.

«Искусство фуги»: Логос Баха

Die Kunst der Fuge – это последнее произведение И.С. Баха. По словам его зятя Альтниколя, чувствуя приближение смерти, Бах оставил Контрапункт XIV незаконченным и написал хоральную прелюдию *«Vor Deinen Thron tret ich hiermit», BWV 668* («К Престолу Твоему вступаю ныне»). Ванда Ландовска рассматривала три последних творения Баха (Гольдберг-вариации, Музыкальное приношение и Искусство фуги как «ослепительный храм, воздвигнутый в

---

[9] Борисов Ю.О. По направлению к Рихтеру. Рутена, Москва, 2003.

честь абсолютной музыки». С другой стороны, Альберт Швейцер не любил эти произведения (в особенности последние два), поскольку видел в них интеллектуальное отчуждение и вознесение от непосредственных человеческих чувств.

Известно, что Бах рассматривал Искусство фуги как «упражнение» и считал, что это произведение будет полезно для музыкантов в качестве руководства по практике контрапункта. Определение музыкального произведения как учебного упражнения может рассматриваться в том смысле, что мы не можем полностью выразить бесконечный смысл предустановленной гармонии (в смысле Лейбница) и любом виде человеческой деятельности, включая прежде всего искусство, но мы можем *упражняться* в этом. Используя наши конечные возможности, мы не можем создать максимально совершенную гармонию, но мы можем предложить упражнение, которое выразит наше понимание предустановленной гармонии в искусстве. Это как раз то упражнение, которое мы можем найти в композициях Баха, особенно в тех, которые Ванда Ландовска назвала «ослепительным храмом, воздвигнутым в честь абсолютной музыки». Искусство фуги представляет собой своего рода исследование во всей глубине тех возможностей контрапункта, которые выводятся из единственной музыкальной темы в ре миноре. Это практический учебник фуги в пяти частях, включающий простые фуги, контрафуги, фуги на несколько тем, зеркальные фуги и каноны.

Последняя четверная фуга может рассматриваться как размышление о размышлении. При незаконченной открытости последнего (XIV) контрапункта Бах реализовал невозможность разрешить и даже логически наблюдать включение субъекта (который проецируется темой B A C H) в целостную логическую реальность. Эта проблема остается открытой во Вселенной. Неважно, умер ли Бах во время сочинения последнего контрапункта как записал его сын Карл Филипп Эммануил: «*Über dieser Fuge, wo der Nahme BACH im Contrasubject angebracht worden, ist der Verfasser gestorben*» [«В этом месте, где имя BACH вступает в контратему, композитор скончался»], или контрапункт остался незаконченным за несколько месяцев до смерти Баха из-за глубинной невозможности написать последнюю четверную фугу которая бы принесла окончательное разрешение проблемы отношения мира и инкорпорированного в него субъекта.

Интерес Баха к пифагореизму отмечался в литературе[10]. Проблема «Случай или Дизайн» может быть иллюстрирована в отношении незаконченного контрапункта. Так, Хьюз[11] предположил, что последний контрапункт остался незаконченным не потому, что Бах умер, но потому, что он захотел оставить возможность для его завершения его ученикам или следующим поколениям композиторов. Дуглас Хофштадтер[12] обсуждал незаконченную фугу и предполагаемую смерть Баха в ходе ее сочинения как иллюстрацию тезиса Черча-Тьюринга, в частности, утверждения, что логические системы могут создаваться таким образом, что они «убивают себя» при обнаружении противоречия их собственным правилам. Нам, наверное, не следует подвергать сомнению утверждение Карла Филиппа Эммануила Баха, но мы можем предполагать и домысливать, что же на самом деле означает «неполнота» последней фуги (слово «неполнота» напоминает нам известную теорему Курта Геделя об основаниях математики). В любом случае творение И.С. Баха открыто в пространство молчания («*The rest is silence*» – «*Остальное – молчание*» были последними словами Гамлета), а молчание – это открытость в бесконечность. Дуглас Хофштадтер в книге «Гедель, Эшер, Бах» рассматривает неоконченную фугу также как иллюстрацию к первой теореме о неполноте Курта Геделя. Основная идея этой теоремы состоит в том, что всякая достаточно сильная рекурсивно аксиоматизируемая непротиворечивая формальная система неполна, т.е. в ней имеется утверждение, не доказуемое на языке этой системы.

---

[10] Kayser H. Akroasis, *Die Lehre von der Harmonik der Welt*, 3rd edition. Schwabe & Co., Basle-Stuttgart, 1976.
[11] Hughes I.N.M. Accident or Design? New Theories on the unfinished Contrapunctus 14 in J.S. Bach's The Art of Fugue BWV 1080. *Univ. of Auckland News* 37, 9, 2007.
[12] Hofstadter D.R. *Gödel, Escher, Bach: An Eternal Golden Braid*. Basic Books, New York, 1979.

Согласно интерпретации Хофштадтера, великий композиторский талант Баха может рассматриваться как метафора «достаточно сильной» формальной системы, однако введение Бахом своего закодированного имени в текст фуги является, скорее, метафорой геделевской самореференции. Невозможность завершить самореференционную фугу представляется метафорой недоказуемости утверждения и, следовательно, неполноты формальной системы. Книга Кристофа Вольфа[13] содержит статью о незаконченной фуге, в которой автор утверждает, что Бах никогда не намеревался писать заключительный раздел фуги на тех же листах бумаги, что и остальную фугу, т.к. на них далее внизу не разлинованы ноты. Поэтому, заключает автор, заключительную часть Бах написал на другом (утерянном) листе бумаги, который можно назвать «фрагмент *x*» и который завершает или почти завершает фугу. Поэтому, незаконченность контрапункта XIV является фактом исторической, а не логической, реальности. Однако для такого утверждения, скорее всего, нет оснований.

Глен Гульд следующим образом характеризовал конец четырнадцатого контрапункта: «There's never been anything more beautiful in all of music» («Никогда ничего не было более прекрасного во всей музыке»). К сожалению, Гульд не записал все «Искусство фуги». Многие другие интерпретации несравнимы с его фортепианными интерпретациями, в особенности, с поздними записями контрапунктов I, II, IV и XIV. Он также (в ранней карьере) записал несколько частей «Искусства фуги» на органе, но эти его интерпретации менее убедительны. Из других интерпретаций необходимо отметить замечательную запись Евгения Королёва «Искусства фуги» на фортепиано, о которой Д. Лигети сказал, что взял бы ее на необитаемый остров.

В «Искусстве фуги», до того как Бах обращается к заключительному размышлению последнего контрапункта, он беспрестанно исследует все комбинаторные возможности, присущие одной теме, иногда двум темам. Эта задача

---

[13] Wolff C. *Bach: Essays on His Life and Music*. W.W. Norton & Co, New York, 2001.

сложна, но разрешима, тогда как задача последнего контрапункта бесконечно сложнее: это мысль о мире, затем мысль о действии в этом мире, и затем – мысль о субъекте, наблюдающем этот мир и действующем в нем. Когда появляется тема BACH, музыка продолжает развитие и затем «нелогично» обрывается в молчании («*the rest is silence*»). Действительно, под силу ли человеку объединить эти три темы вместе (Гульд обрывает раньше, до первых тактов, в которых три темы начинают сходиться)? Или это под силу сверхчеловеческому сознанию? Ответа нет, ответом является молчание, в которое обрывается контрапункт. Это, возможно, наивысшая точка, которую достигла творческая мысль человека. Завершить контрапункт означает дать окончательный ответ, что невозможно для человеческого сознания. Вместо этого Бах написал хоральную прелюдию «*Vor Deinen Thron tret ich hiermit*», в которой внутреннее ощущение чистой бесконечности появляется вне установки на решение задачи сотворения универсального творческого «уравнения» бытия.

Фуга и поиск семантической завершенности

Чтобы проанализировать проблему семантической завершенности на примере музыкального текста, необходимо остановиться на структуре фуги. Фуга способна выразить саму мудрость[14], поскольку ее структура одновременно может сочетать знание и энергию. В стремлении понять мир Бах изображает и переживает в музыке достигнутую метаматематическую конструкцию, тогда как Бетховен анализирует сам акт достижения. В результате две идеи (знание и энергия) получают доказательство, что они едины. Как было отмечено нами раньше, фуги Бетховена выражают Физис, т.е. они могут быть соотнесены с паттернами сочетаний в эволюционирующей сети неэквивалентных наблюдателей, тогда как фуги Баха выражают Логос, т.е. они могут быть соотнесены с противоречивой структурой самого мышления.

---

[14] Grew S. Beethoven's "Grosse Fuge". *The Musical Quarterly* 17, 497-508, 1931.

В музыке Бетховена фуга – это «пир ума», по выражению Святослава Рихтера о фуге Hammerklavier, или, мы можем уточнить: пир ума, действующего внутри имманентно данной физической пространственно-временной реальности.

Проблема, которая поднимается в связи с анализом структуры фуги – это проблема семантической завершенности мира, который включает субъекта, наблюдающего мир и действующего в мире. Может ли изображение мира в искусстве включать и наблюдателя как часть этого изображения? Последний опус Баха показывает, что практически невозможно решить проблему семантической завершенности после включения наблюдающего субъекта в поле Логоса. Но эта проблема является главной задачей для понимания физической Вселенной, в которой она постоянно возникает и получает относительное разрешение. Великое решение, но скорее негативное, дается Бетховеном в Hammerklavier (29-й сонате, *Die Grosse Sonata für Hammerklavier, opus 106*). Соната заканчивается фугой, описывающей мир, в котором окончательное семантическое завершение отсутствует. Такое решение может быть окончательным для других композиторов (оно вновь появляется с бо́льшим ощущением негативности в лучших музыкальных композициях XX века), но Бетховен не может оставить этот вопрос открытым, т.е. он не может оставить мир непознанным, без окончательного семантического разрешения. Достижением окончательного ответа на вопрос о семантической завершенности реализованного мира и является Grosse Fuge, которая прямо начинается с неожиданно найденного окончательного выражения смысловой полноты мира, а в ходе дальнейшего развития произведения это решение последовательно анализируется и окончательно подтверждается как свободное решение, утверждающее существование обитаемого, воспринимаемого и познаваемого мира.

Проблема анализа включения наблюдающего и действующего субъекта в пифагорейско-платоновской вселенной остается открытой в «Искусстве фуги» И.С. Баха. Вопрос включенного субъекта остается неразрешенным, либо разрешенным вне музыкального текста (в молчании). Не анализируя здесь Моцарта, который чудесным образом освобождается от логического анализа включенности субъекта, мы можем констатировать, что в истории музыки только Бетховен попытался разрешить этот вопрос и достиг определенного успеха в этом. Для этого он погрузился в мир Физиса и предложил несколько решений для Логоса, обитающего и действующего в физической вселенной. Наиболее разработанные и впечатляющие решения – это Hammerklavier (Sonata No 29, opus 106) и Grosse Fuge (op. 133). Дальнейшее развитие музыки не дало столь впечатляющих примеров разрешения проблемы семантической завершенности мира. Романтизм концентрировался на самом субъекте, а в музыке XX века проявились альтернативные попытки выражения этой основной онтологической проблемы, которые предстают скорее как негативные рефлексии, имеющие важное значение, но не творящие новую мощную реальность. Необходимо также отметить, что поздний Бах и поздний Бетховен, чтобы подойти к выражению проблем семантической завершенности мира, выработали в каждом случае свой собственный музыкальный язык, который поднимался высоко над всеми историческими тенденциями развития музыки и превосходил их.

БЕТХОВЕН И БЫТИЕ-В-МИРЕ

Mein Erbteil wie herrlich, weit und breit!
Die Zeit ist mein Besitz, mein Acker ist die Zeit.

Goethe

Творчество Бетховена — геометрия не в пространстве, а во времени, которая тем самым превращает субстанцию времени в субстанцию пространства

Филипп Моисеевич Гершкович, из письма 16 июля 1982

Геометрия времени во Вселенной Бетховена

Бетховен ввергает нас в феноменальный мир, в тот мир, который ограничен горизонтом бытия, а горизонт бытия есть время. Поэтому организация времени у Бетховена – основа понимания бытийности, здесь-бытия, и анализ музыкального времени Бетховена первостепенен, чтобы разобраться, что «музыка – большее откровение, чем философия...».

Предшественником Бетховена в изображении полифонического феноменального мира был Гендель. Если Бах творил в области мысли (по выражению Гегеля, Бог – это высшая мысль, а не высшее чувство), и высшее чувство возникает как другая сторона высшей мысли, то Гендель возвращал нас в видимый мир. Поэтому он и был самым любимым композитором Бетховена. А музыка Моцарта – это неуловимое то, что связывает два мира воедино, поэтому его и трудно анализировать (и трудно исполнять, Святослав Рихтер был прав). И приближение к Моцарту у Бетховена встречается иногда – в вариациях на тему Диабелли (и не только прямо в 22-й, но прежде всего в финальном менуэте), а также, наверное, в миросозерцании последних квартетов.

В музыке Бетховена то, что позднее было названо деконструкцией, есть саморазвитие идеи, в котором появляется попытка интерпретировать текст из самого текста, без обращения к внешнему. В ходе этого саморазвития музыка открывает более глубокие смыслы в сравнении с тем, что эксплицитно присутствовало в исходной теме. Такая деконструкция может иметь открытое завершение, освобождающееся в бесконечность. Или же развитие может вернуться в основной теме, которая становится краше, мудрее и совершеннее. Этот пример прослеживается в вариациях на тему вальса Диабелли (ор. 120), где изначальная грубоватая и примитивная тема Диабелли проходит через множество изменений и, наконец, после скорбного переживания отдельности индивидуального существования и осмысления объективного детерминизма последующей фуги, трансформируется в прекрасный менуэт.

Клод Леви-Стросс однажды отметил сходство между музыкой и структурой мифа. Сущность мифа – это рассказанная история, цель которой представить логическую модель разрешения некоторого противоречия. Это определяет потенциально бесконечное количество уровней или слоев, появляющихся в процессе повторения и пересказывания мифа, который (процесс) и выявляет структуру самого мифа. Основанная на вариациях структура многих композиций Бетховена иногда проявляется как внутреннее развитие к бесконечности, обозреваемой как «внутреннее чувство» (*Innigster Empfindung*) последних частей сонат ор. 109 и 111. В Grosse Fuge вариационная структура также присутствует, но она основана не на одном мотиве, а на структуре фуги, которая отражается и повторяется различными способами. Иногда это повторение появляется как зеркальное отражение, ранее исследованное Бахом в «Искусстве фуги». Зеркальное отображение имманентной реальности физического мира соответствует движению назад во времени, как в эпизоде Hammerklavier и в отдельных тактах Grosse Fuge. В самом деле, развитие в Grosse Fuge состоит в аналитической рефлексии предыдущих тем. Когда развитие в медленном эпизоде, соответствующее исследованию поля потенциальных возможностей, приводит к активности радостного марша, являющегося своего рода коротким скерцо, опять вступает в действие анализ текстом самого себя и текстов, его породивших, т.е. предыдущих эпизодов фуги. Это есть анализ текста собственными средствами, то, что названо деконструкцией в XX веке. Этот анализ грандиозен, сложен и величествен.

Sonata quasi una fantasia opus 27 No 1 (13-я)

Но вернемся к конкретным произведениям Бетховена и слегка коснемся его раннего творчества. Замечательным примером организации музыкального времени является 13-я соната ми бемоль мажор (оп. 27 No 1) – эта удивительная геометрия различных времен, пока еще очень легкая и непосредственная. Соната, первая из двух сонат quasi una fantasia опус 27 (вторая – знаменитая, получившая потом название «Лунная»), замечательна как своим настроением, так и структурой, охватывающей в коротком сочинении (звучащем 15 минут) разные временные длительности (начиная с медленной первой части, в которой в середине появляется быстрый эпизод), и завершающаяся финалом – рондо с элементами контрапункта, с возвращением эпизода предыдущей части (Adagio) и затем с коротким завершением контрапунктным Presto. Эта соната – одно из первых четырехчастных произведений, в котором скерцо (вторая часть) появляется раньше адажио, а все части исполняются без перерыва. Финал занимает особое место в структуре произведения, как и во многих поздних сочинениях Бетховена. Он представляет яркий мир с элементами полифонии, что привносит разнообразие в ощущение радости бытия. А уже во второй сонате этого опуса (27 No 2) quasi una fantasia, именуемой «Лунной», происходит переход от вовлеченного созерцания временности мира к его пепосредственному переживанию, что и обусловливает невероятный драматизм этой сонаты. Она тоже характеризуется своеобразием структуры, которое будет по-новому развито в последних сонатах, хотя нигде и не повторено.

Die Grosse Sonate für Hammerklavier, op. 106 (29-я)

Поиск понимания смысла мироздания с помощью музыки, которая, по выражению Бетховена, есть «более высокое откровение, чем философия», выражено в большинстве произведений Бетховена, а в некоторых произведениях он достигает наивысшей экспрессии. Одним из наиболее важных сочинений в этом смысле является Hammerklavier (соната op. 106), которая завершается большой фугой. Hammerklavier может рассматриваться как наиболее глубокая соната из всех, когда-либо написанных. Первая часть выражает активное участие в объективном мировом порядке. Великая оптимистическая рефлексия мира в первой части субстанцируется появлением фугато, которое как бы обеспечивает обоснование всего процесса. В этом фугато, появляющемся после повтора вступления, базовый внутренний принцип согласованности противоречивой конструкции мира субстанцирует подтверждение самого существования реального мира. Это фугато, пожалуй, более стабильно, чем финальная фуга (четвертая часть), но его краткое появление потенциально предваряет возможность неконгруэнтности мира в окончательном выводе, данном в этой сонате. Фугато удивительным образом вводит идею внутренней закономерности, поддерживающей бытие и обосновывающей радость его созерцания. Фугато в разработке первой части – это великолепное решение, ранее испробованное Бетховеном в первой части великолепного квартета опус 59 No 1, заказанного графом Разумовским. Оно ведет к переходу в ре мажор и далее к замечательному развитию музыкального материала, в котором утверждается исходное мировосприятие, принимающее этот сотворенный мир.

Величественная панорама первой части подвергается рефлексии сомнения индивидуального субъекта в коротком скерцо. Субъект из-за своей единичности и несовершенства пародирует мировой порядок, спешит к ускользающей цели и (в трио) оказывается лицом к лицу с ничто. Возвращение в реальный мир после опыта ничто приводит к большей тревожности с форсированными попытками возвращения в основную тональность. Но это не спасает от крушения.

Великая рефлексия Адажио (*Adagio sostenuto – Appassionato e con molto sentimento*) концептуально включает ничто в единое пространство мысли, в котором бытие и ничто есть моменты единого великого креативного процесса. Кажется, что адажио останавливает время. Музыка дважды скользит вверх к короткой, но великолепной тональности соль мажор. Заключительная тема, основывающаяся преимущественно на трезвучиях, выражает эмоции, ассоциированные с размышлением о конечности индивидуального существования, как бы обозреваемые на расстоянии. Последний такт Адажио как бы намечает структуру, через которую будет осуществляться переход к фуге. У некоторых пианистов это более заметно, у некоторых менее. Медленное вступление к фуге – это как бы поиск многоголосного решения, которое позволяет видеть мир полифонический, с разных точек зрения и в разных временах одновременно. Переход к си бемоль мажорной фуге начинается с модуляций из ре бемоль мажора/ си бемоль минора в си мажор и ля мажор, и только затем устанавливается си бемоль мажор. Это вступление представляет собой как бы контрапунктное экспериментирование в поиске предустановленной гармонии – но уже не ноуменального мира как у И.С. Баха, а того феноменального мира, в котором видится ноуменальный. И решение находится – так начинается Allegro risoluto. Эту фугу И.Ф. Стравинский назвал «both inexhaustible and exhausting» (одновременно неисчерпаемая и небезграничная).

Возвращение к реальной активности жизни и к непосредственному включению в нее основано на применении различных элементов полифонии, последовательно представленных в предшествующем финальной фуге Ларго, и через реконструкцию фугато первой части. В этом вступлении к финальной фуге, которое появляется после длинного и скорбного Адажио, можно услышать поиск объяснения, которое даст разрешение для этого мира скорби человеческой мысли. Но множество субъектов, наблюдающих мир, генерирует великий разлад в этой псевдогармонии, в которой одновременно присутствуют борьба, неизбежность, игра и радость. Понимание мира приходит без окончательного решения в бесконечной игре согласующихся и рассогласующихся активностей действующих субъектов. Последняя часть опуса 106 может рассматриваться как развитие в форме фуги музыкального мотива, открывающего все произведение. В этом развитии каждый голос независим и движим течениями высшей экспрессивности; различные экзотические тональности иногда входят, чтобы сразу быть отвергнутыми. Появляющееся обратное (зеркальное) развитие фуговой темы Hammerklavier имеет некоторое сходство с зеркальными контрапунктами И.С. Баха в «Искусстве фуги». Но у Бетховена данный эпизод относится к реальному физическому (обитаемому) миру. Он дан в си миноре, являющемся семантическим антиподом основной тональности (си-бемоль мажор). Тема зеркальна, так что время течет в противоположном направлении. Позднее, в Grosse Fuge, зеркальное развитие не столь очевидно, но его элементы включены в целостную структуру.

Мощное развитие фуги основано на теме, которая вступает в трех вариантах. Развитие con alcune licenze приводит к эпизоду, где тема и контртема аугментируют в sforzando marcato (такты 96-117, состоящие из вступления в ми миноре, кодетты и ответа в си миноре), массивное stretto усиливает напряжение (включается ля мажор), которое нарастает и затем отступает в ракоходном (тема играется от конца к началу) эпизоде (начиная с такта 153 до такта 174 переходя из си минора в ре мажор), а позднее тема вступает в инверсии (зеркальном отображении) в тактах 208-213. Затем развитие приводит к идиллическому эпизоду (такты 250-278) cantus firmus включающий части первой темы, который вводит новую тему и играет ту же роль, что meno mosso эпизод в Grosse Fuge. Это как бы созерцательный отдых в середине творения, когда рефлексия вводит новую тему. Затем первая тема возвращается и вместе с новой темой в двойном контрапункте начинается новое развитие, причем первая тема одновременно вступает и ректо и инверсо. После некоторого развития музыка приобретает новую силу и завершается через серию трелей в басах мощным утверждением, как бы обосновывающим правильность устройства мира. Если мы будем анализировать это утверждение глубже, то окажется, что оно, тем не менее, не является окончательно завершенным высказыванием.

М.А. Аркадьев[15] анализирует последние такты Hammerklavier как разительный и наиболее впечатляющий пример неконгруэнтности в музыке. Он пишет, что завершение последней части, будучи абсолютно стабильным в гармоническом смысле, сочетается с не получившим разрешения ритмическим диссонансом, поскольку завершающие тональные аккорды появляются на слабом акценте. Музыкальная неконгруэнтность позволяет осуществлять фиксацию внутреннего конфликта. Парадоксы артикуляции включают амбивалентные тоны и амбивалентные сочетания звуков. Возможно, фуга Hammerklavier – это единственный пример в музыке до XX века, выражающий онтологическую неконгруэнтность мира как окончательный ответ на вопрос о смысле мироустройства. Такой взгляд характерен для XX века, например в некоторых произведениях, в том числе фугах Шостаковича (например *Des dur*, No 15 опуса 87 или в его 13-м квартете опус 138). Однако Бетховен предпринял попытку преодоления этой неконгруэнтности и восстановления семантической завершенности реального мира.

Впечатляющим результатом этой попытки явилась Grosse Fuge – уникальное музыкальное произведение, в котором мир остается семантически открытым и вместе с тем находит свою субстанциальную завершенность в своей глубинной основе, тем самым преодолевая необратимость течения времени. В Hammerklavier необратимость дается как нсизбсжность, только частично преодолеваемая в зеркальном эпизоде. Эта необратимость зиждется на неконгруэнтности наблюдателей. В Grosse Fuge сама эта неконгруэнтность фиксируется и осмысливается как акт семантической завершенности в пространстве неконгруэнтных (несовместимых полностью) индивидуальных наблюдателей. Мир эволюционирует в некоторую целостность, которая

---

[15] Аркадьев М.А. Структуры времени в новой европейской музыке. Библос, Москва, 1993.

оставляет свободу для индивидуальных наблюдателей. Целостность мира не противоречит абсолютной индивидуальной свободе каждого индивидуума, более того, развивающаяся целостность сама является основой существования этой свободы.

Такое решение проблемы свободы и необходимости не является утопическим. Его, может быть, сложно постичь, но оно не является тем же, чем является финал Девятой симфонии, где неконгруэнтность остается в самой структуре, несмотря на великое стремление преодолеть ее. Поэтому финальные фуги Hammerklavier (как осмысленная в структуре неконгруэнтность) и Grosse Fuge являются реальными откровениями, в то время как другие композиции, такие как «Ода к Радости» девятой симфонии (op. 125) или «Dona nobis pacem» в Missa Solemnis (op. 123) являются, скорее, выражением стремления найти, осмыслить и пережить в чувстве семантическую завершенность мира. Решение вопроса семантической завершенности предстает как открытие и осмысление стабильной динамической структуры космоса. Это великое открытие и осмысление в завершенном виде оформлено в Grosse Fuge.

Является ли Grosse Fuge единственным произведением Бетховена, которое являет семантически завершенный мир реальности? В таком мощном и развитом решении – да. Но во многих случаях Бетховен пытался достичь этого решения более простыми средствами. Такие решения мы можем найти в заключительной части 28 сонаты (op. 101) или же в финальной фуге 31 сонаты (op. 110), а еще гораздо раньше – в завершении девятого квартета (третьего из заказанных Разумовским, опус 59 No 3).

В определенном смысле эти все произведения абсолютно совершенны, но они менее глубоко и строго выстроены логически, и их совершенство основано более на внутреннем чувстве, чем на глубоком анализе, сочетающем эмоциональное и логическое. Соната опус 101 удивительным образом развивает структуру, намеченную в сонате опус 27 No 1 (quasi una fantasia). В отличие от триумфа бытия первых тактов Хаммерклавира, здесь выражение любви к бытию, которое трансформируется в активное целеустремленное действие скерцо-марша, за которым следует короткая печальная рефлексия адажио, чудесным образом завершающаяся возвращением темы первой части и затем переходом в развернутый контрапунктический финал, в котором полифония мира представлена согласованностью голосов, как бы беседующих между собой. Соната (которая тоже написана для хаммерклавира) представляет собой более личную и короткую, но по-своему замечательную, версию того, что с монументальной грандиозностью будет представлено в сонате опус 106 (Hammerklavier). Соната опус 110 тоже, скорее, выражает более внутренний мир, и ее фуговое завершение как бы субстанцирует этот внутренний мир, а не выводит его в бесконечную полифонию всего мироздания.

Соната ор. 109 (30-я)

Как соната опус 101 является, в некотором смысле, уменьшенной и более личной версией Хаммерклавира, предвосхищая его, так соната опус 109 имеет сходство с сонатой опус 111, но в несколько более легкой форме, без трагической рефлексии, в более «импрессионистском» выражении. Она не ставит трагического вопроса бытия, как Maestoso опуса 111, и поэтому не предполагает столь глубокого ответа, но по-своему в первой части формулирует выражение любви к бытию, представленное и как быстрая череда мимолетных впечатлений, и как легкая, но торжественная рефлексия про замедлении темпа в Adagio, включающего много арпеджио. Причем Vivace и Adagio не противопоставлены как противоположности, они представляют как бы единое целое, две стороны одного чувства, выраженного в первой части. Тональность ми мажор, легкая, яркая и лучезарная, легко переходит в печальную ми минор, и возвращение в мажор также происходит легко и непосредственно. И все же поиск обоснования любви к жизни ведет к активному развитию Prestissimo (в ми миноре, легко и неконтрастно переходящем в си минор второй темы), соединенного с первой частью неотжатой педалью. И ответом на этот поиск является заключительная, самая главная часть, состоящая из темы и шести вариаций, прохождение которых возвращает исходную тему.

В этих вариациях есть то, что можно назвать изменением масштаба времени, использование контрапункта и другие особенности, делающие развитие самодостаточным и полным ответом на активный поиск, выраженный в Prestissimo. Первая вариация сохраняет темп и метр (3/4) темы, внося легкую модификацию в форме вальса. Более сложная структура у второй вариации (в том же метре и темпе, обозначенной леггиерменте). Здесь как бы присутствуют две темы (текстуры) объединяющиеся в третью и затем вступающие, чтобы повторить вторую половину темы. И вслед за этим синтезом вступает третья вариация в быстром темпе (Allegro vivace) и метре 2/4 с элементами контрапункта и единственная заканчивающаяся в форте. Здесь есть некоторая аналогия с третьей вариацией сонаты опус 111, хотя в опусе 109 она включена в общую структуру более непосредственно и легко. И как после третьей вариации опуса 111 происходит возвращение к исходному масштабу времени, так здесь четвертая вариация вступает даже в более медленном темпе, в метре 9/8, с контрапунктной текстурой в первой половине и своеобразным развитием во второй, ведущей к быстрой (Allegro ma not troppo) пятой вариации, представляющей собой многоголосную хоральную фугу, которая как бы утверждает закономерность устроения бытия. Интересно, что, начиная с пятой вариации, Бетховен отказывается от нумерации (как и в опусе 111 – с четвертой), подчеркивая тем самым неразрывность развития от фуги к шестой переходной вариации и к возвращению исходной темы. Итак, шестая вариация является развернутым переходом от фуги к основной теме произведения, и этот переход дан как обоснование единственности основной темы, являющейся уникальным ответом на экзистенциальные вопросы и оправданием существующего мира. Переход от фуги к завершающей вариации в цикле на тему Диабелли тоже дан как возвращение, но в иной, преображенный мир, где моцартианский дух финального менуэта замещает несовершенный грубоватый вальс, навязанный миру несовершенным композитором (Диабелли). И переход от фуги там очень сложный, хотя и короткий, а здесь (шестая вариация) он более длинный, мирный, его спокойный характер подчеркивается повторением ноты си в верхнем регистре. Музыка далее интенсифицируется, появляются арпеджио, и развитие достигает максимума, за которым следует возвращение исходной темы. Она сама по себе прекрасна, ее не нужно преображать, и в своем развитии она порождает удивительное разнообразие, выраженное в предыдущих вариациях, которое возвращается к исходному началу...

Соната ор. 111 (32-я)

В последней сонате Бетховен представляет развернутую концепцию горизонта бытия. Ее завершенность определила то, что он более не писал сонат, а вариации на тему вальса Диабелли – это взгляд на мир, используя другую форму, хотя тоже вариационную, но более эксплоративную, чем утвердительную. Первая часть сонаты в удивительном единстве сочетает размышление (рефлексию) и действие, ставящее целью разрешить проблему, поставленную размышлением. Действие не может привести к разрешению само по себе, но оно чудесным образом исчерпывает себя и открывает мир Ариетты и ее вариаций, который неисчерпаем сам по себе и открывается в бесконечность...

В первой части действие, являющееся поиском ответа на экзистенциальный вопрос вступления (Маэстозо), само включает в себя элементы рефлексии. Все эпизоды поко ритененто – это эпизоды сомнения, которые могут быть или краткими, или более развернутыми. В музыкальное развитие аллегро естественным образом вплетается полифония (как и в скерцо Девятой симфонии), и это многоголосие подчеркивает сложную структуру временности, ее многомерность. И завершение этой части – не преодоление, а открытие пути к преображению, которое открывается Ариеттой. Ариетта в 32 сонате (ор. 111) представляется путем достижения открытого и свободного решения. Оно основано на бесконечном внутреннем развитии простой мелодической структуры. Вместо установления устойчивой фуговой структуры, развитие разворачивается в бесконечном пространстве рефлексий, трансформирующихся между радостью и печалью, которые могут развиваться потенциально в бесконечность. В Ариетте, которая является деконструкционным ответом на драматический рефлексирующий вопрос первой части (*Maestoso – Allegro con brio ed appassionato*), прекрасный хорал основной темы претерпевает вариационную деконструкцию, в первых трех вариациях с помощью ускорения (при одинаковом темпе) завершаясь третьей динамической вариацией, затем трансформируясь в перемежающиеся печальные (на нижних нотах) и радостные (на верхних нотах) рефлексии, затем анализируя себя через декомпозицию основной темы и возвращаясь в исходной теме, сопровождаемой трелью и возвышающейся к неземным сферам и далее в бесконечность. Время ощущается то как медленно, то как быстро текущее при одном и том же темпе в развитии всей части.

Ответ, который дает вторая часть, формулируется простой мелодией Ариетты, которая в коротком развитии соскальзывает в минор и возвращается к исходному мажору. Эта мелодия проходит циклы преобразований и возвращается к исходной структуре, но в конце (в последней вариации в верхнем регистре, окруженная трелями) уже без минорного эпизода. Первые три вариации удивительным образом основаны на преобразовании времени. Композитор указывает L'istesso tempo, подчеркивая, что темп остается неизменным. К сожалению, многие пианисты игнорируют эти указания и убыстряют вариации, есть и случаи замедления второй вариации, чтобы показать контраст третьей вариации что тоже не представляется обоснованным. Темп не меняется, меняется течение времени – вот основа развития в трех вариациях. Это подчеркивается изменением метрики: 18/32, 36/64, что кажется не совсем корректным написанием, но именно подчеркивает изменение временного масштаба. И в третьей вариации это ускорение времени приводит к своеобразной структуре, которую некоторые считают предвосхищением джаза, а на самом деле – это та же ариетта, но в мире, где время течет очень быстро, и поэтому его не хватает для глубокого созерцания, а радость открытия истины может быть выражена как танец без определенной цели, с упрощенной структурой и ритмом. Чтобы сохранить единство развития всей части, не нужно здесь форсировать форте, «долбить» ритм и так далее: эта вариация – логическое продолжение изменения масштаба времени, проходящего через все первые три вариации.

Этот быстрый и простой мир – только эпизод, и он открывается в совершенно новую реальность. Метр 9/16 возвращается, время вновь устанавливается в исходном масштабе, но тема, сохранявшая по крайней мере свою структуру в первых трех вариациях, изменяется, «деконструируется». Каждая из этих трех вариаций завершается кодой, причем самая развернутая «деконструкционная» кода у четвертой вариации, более короткая «утверждающая» кода у пятой вариации, и совсем короткая «завершающая» кода у шестой вариации. В четвертой вариации модифицированная тема ариетты в нижнем регистре звучит мрачно и противопоставлена выходу к свету в легкости прекрасного развития в верхнем регистре, и эти два образа мира противопоставлены в единстве, повторены и ведут к развернутой коде этой большой центральной вариации. Вариация состоит как бы из двух (нижний и верхний регистр), которые ведут к сложной деконструкционной коде, где разные столкновения верхней и нижней реальности намечают разные варианты конструкций. Эта промежуточная кода имеет очень важное значение в структуре второй части сонаты, и ее очень трудно сыграть глубоко, осмысленно и с сохранением логики развития. Поиск выхода идет через прохождение разных тональностей (си бемоль, ми бемоль, ля бемоль мажор) и кратких построений разных масштабов времен, что напоминает прохождение «кругов ада», по выражению Доминика Мерле, и только одно решение (как бы узкий коридор) ведет к открытию истины – восстановлению первоначальной мелодии ариетты (пятая вариация), теперь окруженной орнаментом более коротких нот. В этом решении, когда наступает минорный эпизод, еще отражается мрачность эпизода нижнего регистра, и, в конце «утверждающей» коды, выход к свету («к звездам») дан в переходе к последней вариации, где неизменная мелодия ариетты в верхнем регистре окружена трелями и открывается в вечность... А «спуск вниз» к короткой коде вовсе не возвращает к мрачности и не уводит от ариетты, а приводит к новому измерению и показывает открывающуюся возможность дальнейшего бесконечного развития в бесконечной преображенной реальности... Брендель отмечал, что у этого развития нет конца...

Вариации на тему вальса Диабелли

Это произведение (опус 120) имеет то же значение для Бетховена, что и Гольдберг-вариации для И.С. Баха. Оказывается, можно построить весь мир из материала одной совсем даже несовершенной мелодии (вальс Диабелли), которая трансформируется многократно, проходя через активное действие жизни, созерцание, утверждение, сомнение, трагическую рефлексию, и, наконец, преображается. Вариации – это тоже полифония, но в секвенции (последовательности), и эта полифония ведет к более совершенному миру. При этом возникают удивительные открытия: как конвергенция появляется тема из Моцарта (alla 'Notte e giorno faticar' di Mozart) в Дон Жуане (22 вариация). И в этих вариациях появляется и реальная полифония, сначала в третьей и четвертой вариациях, но как основа музыкальной структуры – в фугетте (вариация 24) и в фуге (вариация 32), разрешающей трагедию предыдущей вариации и ведущей к преображению в финальный менуэт. Полифония 24 и 32 вариации при этом разная. Фугетта 24-я вариации созерцательная, она окружена быстрыми радостными вариациями и не является ответом на драматические вызовы, это как бы озарение ноуменальности через контрапунктную структуру феноменального бытия. Вершиной такого озарения, но в миноре, приносящей высшее религиозное чувство, является первая часть 14 квартета (опус 131). А фуга 32-й вариации выводит из глубины трагедии в полифонический мир, подобно финалам сонат опус 110 (31-й), да и Хаммерклавира (опус 106). И Grosse Fuge вначале задумывалась как выход из трагедии индивидуального бытия, гениально переживаемой в Каватине 13-го квартета (опус 130).

Вариации на тему Диабелли – это и необычайное временное разнообразие. Выходя из несколько примитивной и грубоватой мелодии Диабелли в первую вариацию, Бетховен прежде всего устанавливает строгий ритм маршеобразной структуры (Alla Marcia maestoso). От трехдольного вальса происходит переход к четырехдольному маршу, и Бетховен сразу определяет, что вариации не будут простой трансформацией темы, а станут творением нового, хотя и из заданного архетипа. Может быть, есть смысл в том, что Святослав Рихтер играет эту вариацию медленно, подчеркивая, что она представляет собой первую и исходную трансформацию, которая как бы определяет «каркас» последующей эволюции и строгим детерминизмом маршевой темы задает ее начало. А потом в нескольких последующих вариациях можно вернуться и к трехдольному метру, виртуозно трансформируя и совершенствуя тему (вариации 2-8). А в девятой вариации Pesanto e risoluto снова возвращается четырехдольный метр, и опять несколько тяжеловесно вступает трансформационный детерминизм, после чего трехдольный ритм свободно правит настроением 10-13 вариаций. А 14-я (Grave e maestoso) снова, но уже более глубоко определяет дальнейшее разворачивание разнообразия во времени, ведя к триумфу (Брендель) 16 и 17 вариации и к глубокому созерцанию 20-й. Ромен Роллан отмечает сходство 20-й вариации в темой Ариетты 32-й сонаты, хотя это сходство, скорее на поверхности, а настроение созерцания – разное. Названия вариаций, данные Бренделем, возможно, несколько сужают их смысл и содержание, но являются вполне адекватными и помогают целостному восприятию произведения.

И вот фуга (вариация 32), по Бренделю, дань Генделю, поскольку она обосновывает реальный мир, его «предустановленную гармонию». Структура фуги в уменьшенном варианте несколько напоминает фугу

Хаммерклавира. Здесь строгий детерминизм мира соседствует со свободой построения конструкции мироздания, появляются зеркальные структуры (ректус и инверсус), и это развитие, достигая кульминации, порождает возникновение новой темы, в замедленном времени, начинаясь тихо и постепенно порождая новую кульминацию, где все темы образуют новый синтез, но он опять же не окончательный, как и в Хаммерклавире. Но там как бы обосновывается открытость мироздания к новому творению, и постулируется фундаментальность этого вывода (в последних тактах). А здесь происходит переход к иному выводу, который есть преображение. Несовершенная мелодия исходного вальса, пройдя через полифонический космос вариаций, преображается в совершенную, в моцартовском смысле, форму завершающего менуэта. Сам переход к этому завершению, через пронизывающие все пространство арпеджио, с последующим удивительным преображением тональности ми-бемоль мажор в столь отдаленную тональность до мажор, что само по себе почти невероятно и в то же время воспринимается как свободно выбранный закономерный переход, ведет к завершающему менуэту.

Завершение цикла, удивительным образом переходящее из фуги, нигде больше не встречается в подобном выражении у Бетховена – это здесь не обоснование реального мира, ограниченного временным горизонтом, а переход в мир, который чудесным и необъяснимым образом держит этот реальный мир, причем это не его идея, а его живой и непосредственный дух. Завершающий менуэт – это уже и не только мысль и не только чувство, а то прекрасное, что их соединяет в единое целое. Это, таким образом, возвращение в мир Моцарта, причем по-настоящему, а не иронически, как в 22 вариации. Это возвращение как нахождение идеала в реальном мире, исходная тема, освобожденная от ненужного искривления, несовершенства и незавершенности. Похожим образом можно трактовать и альтернативный финал опуса 130, заместивший Grosse Fuge, хотя там нет такого чистого моцартианского духа. А минорные финалы опусов 131 и 132, скорее, предвосхищают мир Шуберта, в котором существование в мире обусловлено самой временностью бытия.

Missa solemnis и Девятая симфония

Торжественная месса непосредственно представляет взгляд позднего Бетховена на мироустройство[16]. Фуга венчает Глорию, подчеркивая полифонию прославления Творца в сотворенном мире. Фуга «In gloria Dei patris. Amen» является величественным завершением этой части.

Credo состоит из контрастирующих различных уровней композиционно оформленного времени как выражения относительности течения времени, ведущего к осознанию вечности (M. Heinemann). Так, в Кредо Бетховен выстраивает систему времен, порождающих видимый мир, существующий в вечности. Полифонические структуры появляются в Кредо как выражение многоголосного единства творения. Особенно глубоко выражен полифонизм в завершающей части Кредо, венчая Символ Веры. Фуга "Et vitam venture saeculi" – величайшее произведение, вершина Торжественной мессы. Она завершает восприятие мира в его триединстве (через восприятие Бога-Отца, через переживание воплощения, вочеловечивания (et homo factus est!), страдания и смерти Бога-Сына, и через воскрешение в Святом Духе), и обосновывает глубинную основу Веры – осознание Бога – Святого Духа, который исходит и от Отца и от Сына (в католическом мироощущении), и который открывает феноменальный мир как реально существующий и реализует vita venture saeculi – жизнь в мире грядущем. Иерархия времен в фуге реализуется через ее возвращение после инструментального эпизода в удвоенном темпе, выражая триумф вечной жизни и ведя к заключительному Амен, исполняемому солистами.

И еще нужно отметить, что Homo factus est – это великое утверждение, реализация духа в феноменальном мире, и то, что оно ограничено горизонтом бытия, находит разрешение

---

[16] Heinemann M. Suspended Time: The Fugue on "et vitam venture saeculi" in the Credo of Missa Solemnis. *Journal of Musicological Research* 32 (2-3), 2013.

через осознание vita venture saeculi в Святом Духе. У И.С. Баха в си минорной мессе Et incarnatus est и его завершение Homo factus est – потрясающая по красоте трагическая музыка. На ноуменальном уровне только так может и восприниматься бренная человеческая жизнь. Crucifixus здесь не противоречие, а завершение, которое прерывается вечной жизнью: Et resurrexit. Альберт Швейцер считает, что переживание бессмертия у И.С. Баха дано на мистическом уровне (что, кстати, сближает его с Пифагором) и выражено, например, в кантатах (Ich ende behende mein irdisches Leben в кантате BWV57). Это тайна существования, которая потом более рационально выражена в Искусстве Фуги. Бетховен же принимает феноменальный мир более непосредственно и даже чувственно, видя и в нем самом, а не только sub specie aeternitatis фундаментальность, достойную любви и радостного переживания.

И Девятая симфония, и Торжественная месса возвращают в конце в феноменальный мир, где обнимутся миллионы (Девятая симфония) и где завершается всё мольбой о мире (Dona nobis pacem) на фоне врывающихся военных фанфар (подобная структура была еще испробована Гайдном). Кажется, что это снижение, снисхождение до земного бытия, в котором присутствует трагедия (мрачный Agnus Dei в си минорной тональности), переходящая в молитву о мире и просьбу избежать войны. Agnus Dei в Торжественной мессе звучит подобно «Aus der Tiefe rufe ich», и мольба о мире – она тоже из этой глубины феноменального мира, ограниченного временем, а, следовательно, смертью. Но земной идеал финала Торжественной мессы – это идеал Иммануила Канта, выраженный в его великом произведении «О вечном мире», отдельно стоящем как памятник цивилизации, воздвигнутый в Европе, где преобладали и еще часто преобладают варварские взгляды на войну, столь эксплицитно выраженные такими разными мыслителями, как Фихте, Гегель, Маркс и Ницше. И если ранний Бетховен еще мог быть увлечен подобными идеями сначала на фоне Наполеона и потом – движения национализма в Европе, то поздний Бетховен становится великим гуманистом. И в Девятой симфонии второй раздел четвертой части хоть и написан в маршевом стиле и с многоголосной борьбой в инструментальном разделе – но это не имеет отношения к войне. Это – интеллектуальное покорение мира как космоса и проторение в нем пути:

Froh, wie seine Sonnen fliegen,
Durch des Himmels prächt'gen Plan,
Laufet, Brüder, eure Bahn,
Freudig, wie ein Held zum Siegen.

А идея Творца соответствует на Земле Вечному миру –

Seid umschlungen, Millionen!
Diesen Kuß der ganzen Welt!
Brüder, über'm Sternenzelt
Muß ein lieber Vater wohnen.

Ihr stürzt nieder, Millionen?
Ahnest du den Schöpfer, Welt?
Such' ihn über'm Sternenzelt!
Über Sternen muß er wohnen.

Финал Девятой симфонии ставит в основу Радость как переживание целостного бытия, в котором ноуменальное и феноменальное неразделимы. Радость – это и феномен, и ноумен. И если финал некоторым кажется соединенным из разнородных разделов, не совсем объединенных музыкальной логикой (как, например, считал Джузеппе Верди), то эта разъединенность остается чертой феноменального мира, который конструируется отчасти детерминистически, но отчасти произвольно: con alcune licenze, или tantot libre, tantot recherché. В этом – залог свободы, которая основа бытия мира и его развития, ведущего к перманентному совершенствованию и постоянному открытию Бога в мире, который является и творит через эту свободу. И это переживание целостного бытия в радости находит окончательное завершение в последнем полифоническом четвертом разделе финала, где в фугато переплетаются темы первого и третьего (анданте) разделов, хор повторяет строчки "Seid umschlungen, Millionen! ...", затем тихо поет "Tochter aus Elysium", и, наконец, "Freude, schöner Götterfunken, Götterfunken!"

Если в Хаммерклавире ироническое представление темы первой части в скерцо ведет к созерцанию горизонта бытия и его рефлексии в последующем Адажио, то в Девятой симфонии первая часть есть трагедия, и ее развитие через иронизацию в скерцо, наоборот, ведет к поиску радости как первоосновы феноменального бытия. Скерцо гениально не только представлением бытия как дионисийского круговорота, с многоголосием, вступающим в виде фугато, потрясающими повторами, которые обязательно нужно исполнять все (хотя Ромен Роллан не разглядел в них оригинальности), выходом (в трио) в прекрасную и наивную пасторальную реальность (данную как Presto, но время замедлено вдвое). Скерцо гениально еще тем, что в нем присутствует ирония, с которой начинается размышление, по Сократу. Кстати, то же и в опусе 106, но только в реверсии, и Адажио там – размышление Экклезиаста, а здесь – обретение вечности в единстве любви небесной (адажио) и любви земной (анданте) (тут Ромен Роллан прав) и явление Демиурга в конце, что затем и обрушивает созерцание и через прохождение тем предыдущих частей впоследствии обосновывает нахождение идеи радости в четвертой части.

Обычно скерцо пишется в трехдольном метре. Бетховен также пишет в трехдольном, но акцентирует так, что, в сочетании с темпом, скерцо звучит как если бы оно было написано в четырехдольном метре. Здесь имеет место вариация масштаба времени! А переход к трио происходит как убыстрение, поскольку темп трио – Presto, то есть быстрее, чем темп скерцо (Molto vivace). Но это Presto – в двухдольном метре, так что время замедляется вдвое! И мы наслаждаемся этим пасторальным Presto во вдвое замедленном времени! И возвращение в скерцо происходит как выход из этого мира, где время течет вдвое медленнее, в мир действия, где время течет гораздо быстрее, а темп несколько более медленный! Такое изменение течения времени само является экзистенциальной иронией над трагедией первой части, выводящей эту трагедию в циклическую динамику временно́го мироустройства.

Адажио (в си бемоль мажоре) тоже имеет особую временную организацию, которая способствует обретению вечности в созерцании бытия небесного и земного. Тема и первая вариация написаны в метре 4/4, анданте – в метре 3/4, вступая первый раз в ре мажоре, а второй раз – в соль мажоре. Вторая вариация имеет метр 12/8. Перед вступлением анданте звучит отголосок темы судьбы первой части, чтобы напомнить о разделенности ноуменального и феноменального мира. Но эта разделенность снята, и адажио и анданте не контрастируют, а дополняют друг друга в единстве мира, и как подтверждение этого единства является в фанфарах всего оркестра Демиург, торжественно обосновывающий вечное единство небесного и земного. После первого явления фанфар музыка коротко переходит в минор, сожалея о прерывании спокойного созерцания, но потом восстанавливается в бесконечном течении. После второго появления фанфар уже сожаления нет, а музыка адажио продолжается и хочет продолжаться вечно... Но далее созерцание обрушивается уже по-настоящему, и из хаоса появляются попеременно темы всех трех частей, и наконец находится тема, обосновывающая не созерцательную, а активную радость бытия в его феноменальном проявлении.

GROSSE FUGE – ПОЛИФОНИЯ БЫТИЯ-В-МИРЕ

Для Бога всё прекрасно, и хорошо, и справедливо, люди же одно признают справедливым, а другое несправедливым
Гераклит

Grosse Fuge и квартет опус 130

Конечная цель Grosse Fuge – это обосновать существование актуального мира (доказать его возможность). Решение представлено сразу, но оно становится доказанным в конце произведения, когда основная тема появляется вновь после длительного пути через неконгруэнтность и поиск стабильной гармонии.

Бетховен исходно рассматривал Grosse Fuge в качестве заключительной части 13-го квартета (ор. 130). Реально она может рассматриваться как финал всего его творчества. Возможно, из-за ее исключительного значения, а не только из-за того, что она оставалась непонятой в структуре 13 квартета, Бетховен опубликовал ее как отдельный opus 133 для струнного квартета и opus 134 для двух фортепиано. Можно сказать, что в Grosse Fuge Бетховен производит конструкцию, которая отображает процесс Творения – процесс, сам устанавливающий свои законы и пределы, цель которого одинакова как для Бога, так и для композитора. Это «творение творения» противоречиво, оно должно найти свою «неподвижную точку» (*fixed point*) в своей логике, т.е. математически – аргумент, в котором функция оказывается равной самой себе. Оно может рассматриваться как успешная попытка сотворения окончательного решения, в котором относительное и абсолютное совпадают. Фуга предстает здесь (как сам Бетховен определяет) как *tantot libre, tantot recherché* («попеременно свободное и выработанное») решение о возможности существования мира. Фуга начинается наподобие начала 15 квартета (ор. 132), написанного несколько раньше (несмотря на его номер), но она трансформируется в иное эмоциональное и драматическое развитие.

Вопрос, что является «правильным» финалом квартета ор. 130, не имеет однозначного ответа. Квартет является великим произведением, и его неформальное название «Lieb» вполне корректно отображает его основную идею. Существование в мире (и мира) невозможно без чувства любви к миру. Можно сказать, что в целом смысл опуса 130 в дантовском *L'amor che move il sole e l'altre stele»* («любовь, что движет солнце и светила»). Все части квартета – это разные рефлексии любви, без окончательного разделения «любви земной» и «любви небесной», каковое можно найти в поздних сонатах, а также (хотя и без явного контраста) в Адажио Девятой симфонии. От глубины первой части квартета, через причудливое Престо, задумчивое Анданте и наивное и чистое *Alla danza tedesca*, музыка приводит к Каватине, в которой выражена печаль ощущения любви через конечность существования индивидуального существа.

Название Lieb, вероятно, случайно, оно произошло из неправильного написания Leibquartett, что можно интерпретировать как «относящийся к себе», «персональный». Но оно (Lieb) замечательно отражает суть этого квартета как дорогого, имеющего отношение к любви, а именно к любви к бытию, а это и «любовь земная», феноменальная. Уже в Адажио Девятой симфонии любовь небесная и земная не противопоставлены, они только слегка разделены мотивом, напоминающим начало первой части симфонии. Об этом в «Жизни Бетховена» писал Ромен Роллан. Но здесь оно предстает как воспоминание (анамнезис), отражающее один мир через другой. У Фуртвенглера эта часть Девятой симфонии (исполненная очень медленно) напоминает горение, разворачивающееся осознание духа в себе.

Бетховен отмечал, что написание Каватины вызывало у него больше печали, чем написание любого другого произведения. «Когда я думаю о Каватине, она вызывает у меня слезы», - писал Бетховен. Что наступает после этой взывающей к глубоким чувствам части? Логически это может быть картина творения, которое само приносит Любовь, в котором сам процесс и его анализ – одно и то же.

Развитие через «борьбу со всеми ударами судьбы» должно дать окончательный ответ, который субстанцирует тезис о любви, которая движет солнце и светила. Это и есть Grosse Fuge. Альтернативой ей может быть Рондо, в каком-то смысле инфантильное послание, которое Бетховен написал (его последнее законченное произведение), чтобы заменить исходный финал Grosse Fuge, и которое показывает земное изображение вечной жизни.

Если же считать настоящим финалом Grosse Fuge, тогда он своей мощью абсорбирует и в определенной степени нивелирует красоту всех предыдущих частей. Это неизбежно для такой грандиозной части, и, возможно, поэтому, а не потому, что Бетховен прислушался к жалобам слушателей, он написал альтернативный финал. Grosse Fuge вполне может рассматриваться как отдельный завершенный квартет (opus 133). Ее можно также слушать вместе с Каватиной, как прелюдию и фугу. Можно, например, совместить исполнения Фуртвенглером этих двух произведений в переложении для струнного оркестра (хоть и записанные в разное время), а их тональности (ми-бемоль минор и си-бемоль мажор) хорошо сочетаются. Однако возможность исполнения Grosse Fuge в качестве финала для опуса 130 остается и вполне может быть реализована (что и делают многие струнные квартеты). Делая сравнение с другим великим произведением о любви, диалогом Платона «Пир», мы можем провести параллель, если поставим в качестве заключающей части к нему другой великий диалог «Парменид». Стили этих двух диалогов столь разные, что некоторые исследователи до сих пор не верят, что диалог «Парменид» написан Платоном. В самом деле «Парменид» субстанцирует логически то, что «Пир» делает чисто литературными средствами (оправдание бытия), и в этом смысле оба диалога дополняют друг друга. Но они столь различны, что их единство всегда будет казаться искусственным. В «Пармениде» Платон даже отрицает теорию идей, которая обосновывается во всех его остальных работах. На самом деле это отрицание относительно и представляет необходимый шаг в его логическом анализе и во всей его философии.

«Детский» финал, который был написан Бетховеном для тринадцатого квартета (ор. 130) вместо Grosse Fuge, которая оказалась слишком сложной и структурно тяжелой для общей конструкции квартета, представляет собой другой подход к выражению целостности, в котором истина появляется без аналитического поиска. Это – «вечность как царство ребенка, забавляющегося игрой в шашки» (Гераклит). Альтернативный финал квартета представляет собой последнее законченное произведение Бетховена. В конечном итоге он выражает то же, что и Grosse Fuge, но без интенсивной работы ума – простая истина существования, вечно живущей Земли. Такое же решение («Es muß sein!»), являющееся ответом на вопрос «Muß es sein?», мы находим и в финале последнего 16 квартета, opus 135.

Структура Grosse Fuge

Для дальнейшего анализа мы рассмотрим структуру Grosse Fuge следуя Грю[17], Киркендалю[18] и Локвуду[19], разделив произведение на семь разделов. Это дает удовлетворительную рабочую схему, которая будет нами использована в описании развития музыкального содержания Grosse Fuge.

1. Увертюра, такты 1-30
2. Двойная фуга, 31-158, в си-бемоль мажоре
3. Двойное фугато (Meno mosso e moderato), 159-232
4. Скерцо («Марш», Allegro molto e con brio), 233-272
5. Двойная фуга, 273-414, ля бемоль – ми бемоль + Фантазия, 415-492
6. Тематическая конвергенция: Двойное фугато (Meno mosso e moderato) 493-510 + переход 511-532 + Марш, 533-564.
7. Кода: I 565-662 + II 663-741

[17] Grew S. Beethoven's "Grosse Fuge". *The Musical Quarterly* 17, 497-508, 1931.
[18] Kirkendale W. The "Great Fugue" Op.133: Beethoven's "Art of Fugue". *Acta Musicologica* 35, 14-24, 1963.
[19] Lockwood L. *Beethoven. The Music and the Life*. W.W. Norton & Co, New York, 2003.

Согласно этой структуре, Grosse Fuge состоит из Увертюры, трех фуг: одной быстрой, одной медленной и еще одной (разделы 4-6), которая представляет собой длительное музыкальное развитие, включающее начальный эпизод (Марш), играющий роль скерцо, двойную фугу и тематическую конвергенцию, и заключительной Коды, которая сочетает идеи всех предшествующих разделов.

Тема в Grosse Fuge всего одна, но она появляется в четырех разных модификациях, каждая из которых претерпевает собственное фуговое развитие. Увертюра (1) открывается основной темой, как бы выражающей поиск фундаментальной основы существования, который генерирует варианты нахождения ответа в процессе саморазвития темы. После Увертюры начинается первое развитие (2) темы, основанное на основной теме и ее контрапункте. Развитие приходит к решению, которое нуждается в дальнейшем доказательстве и субстанцировании. После появления других версий контрапункта начинается Meno mosso e moderato (3). Эта часть представляет собой медленное развитие темы и предстает как спокойное генерирование идей внутри потенциальной реальности до их актуализации. Только к концу этого эпизода мы вновь погружаемся в актуальный мир и начинается Марш (4), представляющий собой скерцо, выражающее реальную радость восприятия актуализированного сотворенного мира. Рефлексия актуализированного мира порождает сложные вопросы, получающие ответы различными способами в процессе музыкального развития одной главной темы с появлением различных контрапунктных структур, иногда претерпевающих сильные изменения (Двойная фуга, переходящая в Фантазию) (5). Последняя часть этого раздела использует материал контртемы начала Grosse Fuge. Что происходит далее – является ли это решение окончательным? Короткое развитие музыкального материала, используемого в Meno mosso e moderato вводится уже форте, акцентированно и маршеподобно (6), после чего происходит свободное развитие (переход) и вновь появляется Марш-скерцо. Эта тематическая конвергенция ведет теперь уже не к рефлексии вопросов, а к Коде (7), в которой быстро вспоминаются первый и второй разделы. Затем быстро появляются другие темы. После этого скитания музыка приходит к последнему эпизоду, представляющему собой комбинацию темы и контртемы первой части. В завершение остаются только восемь нот главной темы и фигура контрсубъекта, и Grosse Fuge завершается.

Рассмотрим музыкальную структуру Grosse Fuge и ее развитие более подробно. Центральная тема Grosse Fuge – это мотив из восьми нот, который хроматически стремится вверх. Похожий мотив присутствует в фуге си минор первого тома хорошо темперированного клавира И.С. Баха BWV 869. Сходную тему можно найти в опере Глюка «Орфей и Эвридика» (второй акт, такты 44-47, танец блаженных духов), а также в струнном квартете Гайдна ор. 33 No. 5, такты 27-29. Мы уже отметили, что Бетховен использует эту же тему во вступлении пятнадцатого квартета ор. 132. Этот исходный мотив появляется в Grosse Fuge во всевозможных вариациях, ритмах, громкости, а также зеркально и назад. Вторая тема (или версия одной темы) Grosse Fuge развивается драматически с широкими интервалами. Третья тема (версия) представляет собой мелодию, составляющую основу Анданте. Четвертая тема состоит из коротких трелей, функция которых состоит в дезинтеграции остальных тем, ведущей к достижению наивысшего напряжения, частичному разрушению предыдущей конструкции и последующему новому развитию.

Все эти четыре темы (или версии одной темы) появляются в увертюре (первые 24 такта). Она открывается утверждением, которое представлено первой темой фортиссимо в соль мажоре, играемой в унисоне. Это утверждение распадается в трели и затем достигает молчания. Затем тема дважды повторяется, но в два раза более быстром темпе и снова обрывается в молчание. И снова вступает, теперь уже пианиссимо в фа мажоре. Это развитие приводит к появлению третьей темы (которая будет развита в Meno mosso e moderato), а первая тема присутствует в басовых нотах.   Итак, в Увертюре присутствует материал всего произведения и представлен его дух: неистовые смены настроения, мелодии распадающиеся в хаос, драматическое молчание, нестабильность и борьба.

Эпизод Meno mosso e moderato представляется как задумчивый и медитативный способ действия (как объект созерцания). После приобретения чувственного восприятия в эпизоде Марша, новое действие становится более сложным и основанным на понимании реальности вечного развития. Это проводит к новому взгляду на основную тему и затем – к возвращению к медитативной картине мира (после повторения Марша), подтверждающему центральную концепцию. Это приводит к переходу к радости, ощущаемой в Марше. Религиозное откровение появляется как требующее субстанциации, и тема фуги становится субстанциацией самой себя. Внешней субстанциации быть не может: Физис, основанный на первоначальном знании, завершен и полон.

Первая фуга написана в наиболее строгой форме, подобно барочным фугам, но она отличается тем, что она разворачивается в реальном мире. Она неистова, диссонантна, с необычным соотношением основной и второй темы, приводящим к необычным ритмическим формам. Она начинается первой темой, вступающей тихо, и затем вступает громко вторая, в контрапункте с первой. Пройдя три вариации, динамика подходит к последней, четвертой, вариации, в которой нарастает хаотичность конструкции и которая тем не менее сохраняет принципы исходной структуры. Дальнейшее развитие уже невозможно. Можно остановиться и созерцать этот построенный мир, в котором хаос и космос – две стороны. Первая фуга обрывается в Meno mosso e moderato, которая играет роль медленной части.

Meno mosso начинается третьей темой и включает гомофонию наряду с контрапунктом. По мере развития, контрапункт становится более сложным, основная тема развивается вместе с третьей, но все играется тихо, sempre piano. Потом вновь возвращается гомофония и далее унисон, после чего врывается простая радость раздела, играющего роль скерцо. Эта радость – радость построения мира, удовлетворенности тем, как он воплощается. Но это не может быть концом – настоящей, окончательной радостью является радость, в которой чувство и мысль соединены как осознание единственности решения, приходящее в конце Grosse Fuge, а здесь радость пока несколько наивная, не отрефлексированная полностью. И чтобы дальше понять мир и продолжить творение, вступает новая фуга.

Новая фуга – это наиболее разработанная и сложная часть всего произведения. Три версии основной темы здесь являются вместе как бы в многомерном времени, структурирующем бытие и определяющем его горизонт. Основной мотив появляется в простой форме, но в аугментации (в два раза медленнее). Тот же мотив, но укороченный, появляется в ретроградной (играемой назад) форме. Также присутствует вариация первой половины мотива в диминуции (в два раза ускоренный). Времена накладываются друг на друга: одно течет медленно, другое быстро, третье – в обратную сторону! И все вместе они формируют мир как творение (*Tantot libre, tantot recherché*). Потрясающий бутстрапный мир, в котором именно времена бутстрапируют!

А потом (такты 415-452) развитие переходит в свободную фантазию, которая имеет мало общего с фугой. Но, она, тем не менее, воспринимается как продолжение этой грандиозной фуги. Далее Бетховен начинает интенсивно использовать трели. Они увеличивают ритмическую сложность и привносят энергично наступающий импульс к перестраиванию всей структуры. Позднее они будут неумолимо увлекать из кульминации возвращенного в усложненной структуре эпизода Meno mosso к радости скерцо в исходной тональности. А пока они вносят дополнительное напряжение своим ритмическим неистовством, так что вся конструкция оказывается на грани распада структуры, которая, тем не менее, остается, и в следующих эпизодах появляются мотивы из первой фуги и увертюры, которые как бы помогают удержать всю конструкцию...

Если бы Бетховен удовлетворился констатацией незавершенности феноменального мира, он бы завершил Grosse Fuge раньше, где-то перед переходом третьей фуги в фантазию, как он завершил фугу Хаммерклавира. Но он идет дальше и обосновывает единственность конструкции, скрепляющей реальный мир.

Возвращение раздела Meno mosso e moderato происходит как начало завершения этой сложной фуги, и оно возвращается совсем по-другому. Вместо созерцательного характера в этот раз оно является как утверждающее маршеобразное действие, с сильно акцентированными нотами помеченными «форте». Бог является здесь как демиург в отличие от созерцателя своего творения. Структура этого эпизода более развернутая, в сравнении с его исходной версией: контрапунктная техника здесь более сложная, в ней вторая скрипка играет тему, первая скрипка играет основной мотив в высоком регистре, альт – его же в инверсии, так что отношение разных мотивов представлено в новом оригинальном воплощении. После серии трелей происходит возвращение в исходную тональность си-бемоль и появляется скерцо, причем в неизмененном виде, это единственный раздел, возвращающийся без изменения на протяжении всей Grosse Fuge. «Радость сотворенного бытия» неизменна во все времена!

Но на этом нельзя же завершить концепцию! Эта радость не осмыслена, не отрефлексирована! Поэтому движение продолжается дальше, через сомнение окончательности решения. Некоторые авторы описывают следующие такты как «нелегкие сомнения», «замешательство» или «рассеяние». Рефлексия вызывает появление и исчезновение фрагментов тем, музыка как будто теряет энергию. Что это – рефлексия в ничто? Или в бесконечность? Эпизоды молчания предваряют появление темы первой фуги, потом Meno mosso. А затем после паузы возникает как открытие начальная тема, ведущая ко второй части коды. Из переживания ничто и бесконечности одновременно рождается новая великая энергия, ведущая к триумфальному мощному возвращению исходной темы. Творение мира завершено и осмыслено!

Grosse Fuge движется регулярными фразами и развивается через беспрестанные модификации темы. Тема опускается на более низкие ноты, к соль бемолю и ля бемолю. Только однажды она поднимается вверх на диезные ноты – в первой половине ля бемоль мажорной фуги в тактах 332-345, где музыка проходит через диезные ноты от соль бемоля к фа, только однажды (такт 347) возвращаясь к бемолю. Кульминация произведения достигается в тактах 609-629, где музыка задерживается на некоторое время в ля миноре (в пианиссимо и безмятежном *sostenuto*). Первая часть коды (такты 565-667), с ее экстатическим чувством высшей уверенности, очевидно, представляет собой экспрессию результата великих мировых религий и философий. Вторая часть коды (особенно ее финальная каденция, такты 702-717) выражает беззаботность и свободу, постигаемые в вере, и объединение двух тем (заключительная фраза) выражает окончательное соединение души и тела в той первопричине, которую мы называем божественной.

Детерминизм и свобода в Grosse Fuge

В отличие от музыки И.С. Баха, концепция фуги Бетховена более свободна и ее развитие в целом не может быть логически выведено из начальных условий музыкальных структур фуги. Философски это можно обосновать тем, что в мире Бетховена мы находимся в области Физиса, а не только Логоса (правильнее сказать, в процессе действия Логоса в Физисе). Фуги Бетховена рефлексируют трансцендентный Логос, воплощенный в физической имманентной реальности. В структуре Grosse Fuge мы встречаем рефлексию освобождения себя от оков детерминированного выбора. Помимо диссоциации через соль бемоль, Grosse Fuge производит освобождение посредством тональности ля бемоль, возвращая к си бемоль мажору. Это приводит к безошибочному чувству освобождения, к раскрытию в солнечный свет – в полет в чистый воздух и утверждающую свободу.

Мы возвращаемся к определению Бетховеном Grosse Fuge как «*Tantot libre, tantot recherché*» – частично свободной, частично выработанной, «выученной». «Выученной» — означает познанной из абсолюта, из баховского Логоса, из бесконечности. Бах тоже рассматривал свои композиции как выученные, как упражнения (в смысле сходства с творением Бога). Но когда мы рассматриваем воплощение Логоса в творении, логические предсказания невозможны в связи с выбором из множества имеющихся возможностей. Правило отбора из этого множества и есть творение в Grosse Fuge. Мир сотворен (организован) таким образом, что свободная воля в нем возможна на определенном уровне его развития и в рамках определенных физических ограничений более низкого уровня.

Рассмотрим еще раз развитие темы в Grosse Fuge, теперь в более общих категориях детерминизма и свободы. Увертюра открывает тему, которая затем предстает в четырех модификациях. Начинается Grosse Fuge с поиска решения основного парадокса существования, выраженного первой версией темы. Погружение в медленное фугато вводит нас в созерцательное наблюдение чистой потенциальности, из которой может быть сотворен мир. Затем из развивающейся потенциальности медленного эпизода выходит Марш. Он появляется сначала как неожиданное творческое решение после погружения в непроявленность медленного фугато и обретения вновь основного мотива фуги. Внутреннее развитие медленного эпизода, которое разрешается рождением активного волевого акта Марша в его утверждающем появлении выглядит как нахождение решения креативного парадокса. Проблема существования являет себя как парадокс: действие само по себе не является объяснимым из себя.

Часть произведения, которая начинается темой Марша и переходит в большую новую фугу, имеет особое значение в разворачивании парадокса детерминизма и свободы. Эта часть иногда целиком рассматривается как аналог скерцо, хотя она имеет гораздо более сложную структуру, обладая некоторой открытостью. Она приводит к двум коротким эпизодам, которые ведут прямо к Коде, приносящей конечный вывод, в котором решение находится окончательно.

Начало этой части – тема скерцо-марша (основанная на второй теме фуги), которая держится менее 40 секунд. Она неожиданно прерывается вопросительной фразой, которая появляется в момент неожиданного изменения тональности с си-бемоль мажора в ля-бемоль мажор и ведет к длительному развитию, переходящему в Фантазию. Это развитие завершается повторением, которое вначале приходит как трансформированная реминисценция медленного эпизода и Марша. Они появляются теперь как рефлексия. Переход к Маршу происходит из обновленного медленного эпизода. Это повторение приходит как анамнесис («припоминание» по Сократу) всегда существовавшего знания.

Если мы вернемся к первоначальному вступлению темы Марша, мы можем проанализировать, как он развивается в сложную деконструирующую структуру. Как мы уже сказали, Марш является началом и концом расширенного эпизода, включающего третью фугу. Тема Марша не несет невероятной энергии первой фуги, скорее это активная жизнь, действие в мире. Поэтому Марш такой короткий: ему необходимо дальнейшее субстанцирование, которое бы доказывало, почему в самом деле необходимо действие. Великолепное развитие последующей двойной фуги подвергает сомнению эту необходимость. Оно развивается как подробная деконструкция начального материала фуги, из которого что-то должно (или не должно) появиться. Это развитие ведет к более открытому и свободному расширению, приводящему к эпизоду Фантазии (такты 415-492), затем ведет к возвращению (в ином стиле) к медленному двойному фугато (такты 493-510). Это возвращение дает некоторую передышку, однако после долгого деконструкционного поиска оно, хотя и не беспрепятственно, развивается в активность Марша. Некоторый переход (511-532) все еще подвергает сомнению дальнейшее развитие, однако оно проходит в точности таким же Маршем, как и ранее. Все предыдущее развитие субстанцирует возвращение Марша.

Двойная фуга после первого вступления Марша обладает наиболее сложной структурой внутри Grosse Fuge. В ней, говоря языком XX века, деконструируется предыдущий материал, в особенности тема основной фуги. Эта деконструкция означает, что система демонстрирует и анализирует свою неполноту, используя собственные концепты и принципы. Она появляется как некоторая внутренняя концептуальная критика, в которой критик неявно и временно придерживается критикуемой позиции. Это может вести к открытию новых значений и субстанциации исходной концепции, но это может также оставить концепцию открытой и неразрешимой – то, что мы находим в фуге Hammerklavier, в которой финальное решение все же остается нестабильным, оканчиваясь на слабой ноте.

Развитие двойной фуги начинается как внутреннее вопрошание, является ли истинным решение, приходящее в виде Марша. Это вопрошание включает модуляцию основной темы и попытки конструировать ее иным образом. Данное развитие музыки, сохраняя исходную энергию критического подхода, подвергающего сомнению предыдущие решения, развивается в более свободную конструкцию, в которой развитие движется менее детерминированным путем, хотя и сохраняет основную структуру фуги. Этот эпизод может быть охарактеризован как Фантазия, и ее свобода в конце ведет к вторичному появлению медленного эпизода фугато. Здесь оно приходит иным образом, не так, как первый раз: вместо спокойного растворения в почти бездействии идентичности бытия и ничто, оно появляется как яркий и утверждающий образ. Это выглядит как внезапно найденное решение, подтверждающее философскую безмятежность фугато в том смысле, что из него выходит яркое действие истинности. Это – кульминация идеи, проводящая к переходу, в котором опять слышится вопрос. И здесь, после деконструкционного развития двойной фуги, оно опять приводит к Маршу, повторяемому в точности до каждой ноты (единственное полное повторение в Grosse Fuge. Это повторение окончательно приходит как утверждение фугато и означает единство созерцания и действия. Это утверждение пока еще относительно и должно быть окончательно подтверждено.

Религиозное созерцание в первой части коды, появляющееся после повторения Meno mosso e moderato и Марша не есть завершение произведения. Принятие мира приходит таким образом, что это созерцание субстанцирует мир действия и что высшая идея правды субстанцирует простую правду мира и саму жизнь. Молитвенное созерцание длится всего пару тактов. Оно подобно интродукции темы BACH в последнем контрапункте «Искусства Фуги». Оно символизирует индивидуальную конечность и необходимость ее преодоления. Опус Баха приходит к незавершенности, обрывающейся в тишину, тогда как в Grosse Fuge окончательное решение появляется как простое и неизбежное послание.

Решение, которое появляется в конце, приходит, когда первая часть коды исчерпывается, а вторая – утверждается. Единственное решение, ведущее к пониманию имманентного мира – это его представление как *tantot libre, tantot recherché*. Обладая свободной волей и сознанием, мы можем принять или отвергнуть этот мир как место для обитания, т.е. выразить оптимистическое или пессимистическое этическое отношение, однако математически выражаемые параметры мира могут соответствовать уникальному решению, допускающему наблюдаемость мира включенными в него индивидуальными существами, обладающими свободной волей и сознанием.

Уникальность решения парадокса существования реального мира есть основное содержание Grosse Fuge. Г.В. Лейбниц в «Теодицее» обосновывал существующий мир как лучший из возможных. В его философии «лучший из всех» просто означает единственное наиболее устойчивое и логически последовательное решение для появления этого мира. В 1712 году в письме к Бурже (Bourguet) Лейбниц писал: «Я не верю, что мир без зла, предпочтительный в сравнении с нашим, возможен, иначе он был бы предпочтителен».

Основой Grosse Fuge является структура, которая первоначально появляется piano в Увертюре и затем реализуется в первой фуге. Медленная фуга (Адажио) свободнее – она является как бы рефлексией этой структуры, выражая свободу наилучшим образом организованной реальности. Рефлексия ведет затем к радости и некоторой иронии скерцо, которая далее завершается как заключительная сложная комбинация всех подходов к познанию мира.

Заключение Grosse Fuge имеет отношение к теодицее. Оно вступает, когда после быстрого развития при завершении двойной фуги (Фантазии) появляется вновь медленный эпизод, имеющий здесь уже другое значение. Теперь это потенциальность, характеризующаяся некоторой опустошенностью, которую надо заполнить. Когда она заполнена, происходит вторичный переход к Маршу, который имеет совершенно ту же самую структуру, что и в первый раз. Появление смысла бытия в Марше теперь субстанцировано. Этот смысл не случаен, это настоящий вывод, основанный на структуре Космоса. «Самый прекрасный Космос, подобный куче мусора, разбросанной как попало» (Гераклит) приобретает смысл и сияет первозданной красотой.

Конец Grosse Fuge представляет собой двухчастную коду и движется от глубокой безмятежности в первой части коды к заключительному подтверждению основного мотива фуги во ее второй части. Мы помним, как заканчивается фуга Hammerklavier: заключительные утверждающие аккорды нестабильны, они утверждают неокончательность процесса и его открытость в бесконечность. Здесь, в Grosse Fuge, решение совсем другое. Бетховен готов принять этот мир, который возник из случайного согласия фундаментально несогласных отдельных историй. Некоторые из них оказываются в согласии, и это все, что мы можем заключить. Такое заключение может показаться недостаточно сильным, но И.С. Бах в «Искусстве Фуги» вообще оставляет его открытым: намеренно или нет – это другой вопрос, но «остальное – молчание», и ответ остается неопределенным: бесконечность приходит к нам через неопределенную пустоту незаконченности финала. В Grosse Fuge Бетховен приходит к окончательному решению. Важный аспект этого решения – достижение изначальной простоты. Уравнение с многими неизвестными параметрами имеет решение, и это решение только одно. Блудный Сын возвращается к своему Отцу.

Людвиг ван Бетховен и семиозис

Фундаментальное различие между мирами математики и физики не является тривиальным. Существует точка зрения (например у Тегмарка), что все, что вычислимо, может присутствовать в физической Вселенной. Однако в реальном физическом мире реализуются только немногие решения. Другие возможные решения могут быть отнесены к другим вселенным предполагаемого мультиверсного континуума, но основание для такого утверждения не представляется очевидным. Математическая реальность может быть соотнесена с Логосом (λογος), тогда как физическая реальность является Физисом (φυσις) в терминологии греческой философии. Отношение Логоса и Физиса основано на хрупком соответствии, при котором Логос интерпретируется в Физисе, а Физис оказывается в определенных границах и временных рамках непротиворечивым, поскольку «держит» в себе Логос. Таким образом, имеется базовая тринитарная структура, в которой Логос обозначает Физис, Физис обозначается Логосом, а их отношение есть Интерпретанта, которая в частном случае представлена действующим наблюдателем. Данная триада представляет собой семиотический знак Чарлза Сандерса Пирса.

Чтобы существовать, мир должен иметь завершенность, потенциально включая наблюдателя (включение какового сделало невозможным завершение последнего контрапункта «Искусства Фуги»). Именно рефлексия делает мир завершенным семантически. Но эта завершенность, будучи физической по природе, может существовать в течение ограниченной длительности («дления», по Бергсону), в течение которой держится парадокс и которая держит разделенными противоречивые утверждения. После того, как время «дления» проходит, завершенность, будучи относительной, разрушается. Божественная завершенность физического мира в бесконечности отражается во временной завершенности живых существ. Эта временная завершенность может быть описана средствами семиотики Пирса.

Чарлз Пирс внес значительный вклад в неклассическую логику, не меньший, чем вклад Фреге, Витгенштейна или Рассела. Его семиотические триады, однако, не формализуются до того уровня строгости, который позволил бы им стать частью специальных математических конструкций. Это задержало признание его в качестве великого логика. Реальное понимание данных триад перекидывает мост между неклассической и аристотелевской логиками. В семиотических триадах Пирса логические схемы приобретают свойства, которые преодолевают неполноту Геделя посредством внутренней геделевой нумерации, хотя и выраженной на не свойственном математикам языке. Будучи переведенными в формализованные структуры, семиотические триады Пирса, которые включают одновременно элементы и их отношения, а также связь элементов и отношений, выявляют свойства, позволяющие лучше понять основания математической логики.

Отношение внутри одной триады может стать элементом другой, и эта семиотическая гибкость делает сложным развитие математической формализации данных структур. Однако, недавно в данном направлении был достигнут существенный прогресс, приведший к формулировке пирсовой алгебры, формализующей основные принципы пирсовой семиотики. Пирс определяет семиозис как процесс, посредством которого репрезентации объектов функционируют как знаки. В процессе семиозиса имеет место взаимодействие между знаками, их объектами и их интерпретантами (т.е. их относительными репрезентациями). В интерпретанте множество и отношение соотносятся друг с другом, и это соотношение не может быть редуцировано к исходному отношению и исходному множеству, но опосредует их оба. Перевод аристотелевской логики на язык математических уравнений явился величайшей заслугой Джорджа Буля. Подобный перевод пирсовой семиотики ставит целью разработать мощный аппарат для описания генерализованного семиотического процесса.

Бетховен в Grosse Fuge приходит к тому же выводу, что и позднее Пирс в логике и семиотике. Он субстанцирует временную завершенность живого процесса в физическом мире. Это решение приходит в результате свободного поиска и обоснования (субстанциации) однажды найденной структуры фуги посредством ее самоанализа и деконструкции.

Искусство фуги Баха не могло быть закончено, поскольку завершенность предусматривает выход в феноменальный мир. Этот выход невозможен у Баха, у Платона (который в Тимее проделывает то же, что сейчас Тегмарк), у Пифагора, у Гуссерля. Rectus и Inversus каноны у Баха – это структуры мышления, тогда как у Бетховена подобные структуры появляются как части феноменального динамического процесса.

Фуга Хаммерклавира заканчивается на том месте, где в Grosse Fuge большая сложная третья фуга достигает наивысшей точки, но при этом не достигает семантической завершенности. То, что происходит дальше в Grosse Fuge заслуживает особого анализа, поскольку Бетховен сумел завершить свою великую конструкцию, описывающую единый феноменально-ноуменальный мир, и тем самым доказавший, что музыка действительно более глубокое откровение, чем философия. Бетховен в Grosse Fuge построил то, что пытались построить в философии Аристотель, Хайдеггер (менее удачно), тогда как Бах в Искусстве Фуги строил то, что строили Пифагор, Платон, Гуссерль.

Тем, кому фуги Бетховена кажутся хаотическими и недостаточно «красивыми», можно возразить, что такой вот и есть мир в его феноменальном проявлении. Прекрасным может быть только ноуменальный мир или его созерцание через «снятие» феноменальности. Так вот все устроено. «Для Бога все прекрасно, и хорошо, и справедливо, люди же одно находят справедливым, а другое несправедливым», - говорил Гераклит. Нужно титаническое усилие, чтобы реализовать этот феноменальный мир из ноуменального, и в этой реализации всегда будет присутствовать элемент произвола и индетерминированности. Ведь этот феноменальный мир возникает из той пустоты, в которую открывается Искусство Фуги И.С. Баха. И он по-своему красив, если отрешиться от того, что его форма задается границей бытия, которое есть время и которое поглощает в том числе и наблюдателя этого мира.

Некоторым ведь не нравятся и три поздние творения И.С. Баха, которые Ванда Ландовска назвала «ослепительным храмом, воздвигнутым в честь абсолютной музыки». К этим «некоторым» относился и Альберт Швейцер. Что же, не все понимают музыку как ее понимал Лейбниц.

И Бетховен находит решение. Сначала он его находит в Хаммерклавире, и оно оказывается неокончательно завершенным. И потом, после Торжественной мессы и Девятой симфонии, произведений, в которых он принимает Бога в этом мире и сам мир, после последней сонаты опус 111, через вариации открывающейся в бесконечность, после Вариаций на тему вальса Диабелли, имеющих то же место в его творчестве, что и Гольдберг-вариации у И.С. Баха, он находит решение завершенное, которое он и воплощает в Grosse Fuge.

Grosse Fuge и дальнейшее развитие музыки

Глен Гульд рассматривал Grosse Fuge как «предельно индуктивное произведение, которое является наиболее провидческим музыкальным текстом, когда-либо написанным». По словам Ричарда Вигмора, Grosse Fuge выражает «борьбу с почти невозможными препятствиями». Эти препятствия держатся в структуре таким образом, что они преодолеваются будучи включенными в стабильную структуру фуги. Этот глубокий взгляд на мир в некотором смысле противоположен тому развитию, которое мы наблюдаем в XX веке. В XX веке пришло понимание величия данной композиции, почти полностью отсутствовавшее в XIX веке. Но, хотя музыка XX века вместила в себя представление о препятствиях, она также во многих случаях приняла как окончательное утверждение об отсутствии возможности их преодоления. Арнольд Шенберг слышал в Grosse Fuge предчувствие атональности и призыв к свободе от условности. «Вашей колыбелью была Grosse Fuge Бетховена», – сказал однажды Оскар Кокошка Шенбергу.

Додекафония появилась как альтернативная структура для музыки, основанная на этих препятствиях, включенных в ее базис. В особенности, в музыке Антона Веберна мы видим завершенную (предельную) металогическую структуру для этого, и эта структура отображает ничто (небытие) как базис мира. Наиболее додекафонные квартеты Дмитрия Дмитриевича Шостаковича – номер 12 (ор. 133 – тот же номер, как Grosse Fuge!) и номер 13 (ор. 138) вдохновлены Grosse Fuge, но они не несут религиозного откровения Grosse Fuge, скорее они реализуют рефлексию в ничто. В 12-м квартете «оптимистический» финал звучит как внешне навязанный. В 13-м квартете даже это отсутствует, и небытие привносит свое собственное решение. Катарсисное откровение приходит только через ощущение фундаментального субстанциального отсутствия.

С другой стороны, внимание Дмитрия Шостаковича к Grosse Fuge приходит через воплощение музыкальной идеи в реальном мире, и это подобно тому, что мы слышим у Бетховена. В музыке Шостаковича зло значительно более могущественно, чем у Бетховена, но тем не менее оно не всесильно и преодолевается, по крайней мере, через максимальное сохранение достоинства страдающей индивидуальной души. Поэтому имеется возможность нахождения пути, ведущего к фундаментальному решению – преодолению зла. Важно отметить, что у Шостаковича были планы написать 16-й квартет, в котором бы присутствовала большая фуга в качестве финала (что отмечается в его корреспонденции с Кшиштофом Мейером).

В данном понимании смысла музыкального отображения мира Шостакович остается сходным с Бетховеном и более отличается от Альфреда Шнитке, который процитировал Grosse Fuge в своем третьем струнном квартете. В музыке Шнитке инфернальная реальность является скорее негативной рефлексией Космоса, и в этом смысле она бесконечна, так что нет пути освобождения из нее. Великая вера в окончательное освобождение через преодоление неполноты бытия сопровождает развитие человеческой цивилизации, хотя в этом грандиозном движении невозможно решение, которое было бы полностью окончательным и абсолютным. Тем не менее, формулирование субстанциальности поиска этого решения является само по себе великой задачей и великой мечтой, отраженной в высших достижениях искусства, науки и философии.

Хронотоп Бетховена

Творчество Бетховена может быть понято на основании анализа хронотопа его произведений. Хронотоп – это термин М.М. Бахтина, который сам рассматривал мир как полифонический. «Идея живет не в изолированном индивидуальном сознании человека, – оставаясь только в нем, она вырождается и умирает. Идея начинает жить, то есть формироваться, развиваться, находить и обновлять свое словесное выражение, порождать новые идеи, только вступая в существенные диалогические отношения с другими чужими идеями. Человеческая мысль становится подлинною мыслью, то есть идеей, только в условиях живого контакта с чужою мыслью, воплощенной в чужом голосе, то есть в чужом выраженном в слове сознании. В точке этого контакта голосов-сознаний и рождается и живет идея»[20]. Неэквивалентные наблюдатели формируют неконгруэнтный континуум видимого мира, и окончательная истина этого мира возвышается над индивидуальными истинами наблюдателей, при этом включая их истины в единое окончательное решение.

Бетховен предлагает решение вопроса о бытии, которое включает мир свободы и имеет семантическую завершенность. И.С. Бах искал пифагорейское решение в понимании завершенности мира, включающего познающего мир субъекта, и... вступил в область молчания. Бетховенская Grosse Fuge является примером музыкального упражнения,

---

[20] Бахтин М.М. Проблемы поэтики Достоевского. М., 1972.

которое, в конечном итоге, приводит к преодолению всех, зачастую почти невыносимых, ударов судьбы. Она субстанцирует мир и ведет нас к нахождению его объяснения. Она представляет собой, возможно, единственный пример музыки и, возможно, всего искусства, который изображает мир, в котором найдено решение его завершенности, по крайней мере в контексте интеллектуального упражнения, характеризующегося балансом жестких правил и широкой свободы. В некотором смысле, Grosse Fuge является единственным примером неутопического достижения завершенности реального мира. Решение, данное в Grosse Fuge, для его формального осмысления нуждается в глубоком и конгруэнтном метаматематическом анализе, в том же смысле, как проблема Гильберта и теорема Геделя конгруэнтна Вселенной Баха. Подходы к логике креативных конструкций были разработаны в интуиционистской математике Брауэра, в топосной логике и в семиотике Чарлза Сандерса Пирса, а также в Логике-в-Реальности Стефана Лупаско. Разработанная на основе семиотики пирсова алгебра вводит предельное рефлексивное утверждение, которое делает математическую конструкцию полной. Однако обоснование (субстанцирование) этой полноты остается великой задачей, еще не решенной в рамках существующих метаматематических подходов. Эта задача, в конечном счете, состоит в обосновании связи, соединяющей математические уравнения с физическим миром. Семиотика Чарлза Пирса и реляционная биология Роберта Розена находят свои пути преодоления неполноты, однако в обоих случаях природу элемента, обеспечивающего завершенность системы, трудно сформулировать. Этот элемент представляет собой бесконечную интерпретанту, воплощенную в конечном знаке. В своей структуре Grosse Fuge Людвига ван Бетховена эксплицитно содержит эту интерпретанту и, таким образом, представляет собой стремление найти окончательное великое решение, которое остается в одиночестве среди величайших творений человеческой цивилизации, и этот одинокий пик отображается в другом одиноком пике «Искусства Фуги» Иоганна Себастьяна Баха.

ШУБЕРТ: ВРЕМЯ И ВЕЧНОСТЬ

Святослав Рихтер сказал, что «Шуберт – это пространство Бога, абсолютное, там нет раздвоенности, нет этих судорог... А ведь дух Шуберта самый послушный, совершенно особенный. Он приносит другое время, мы его абсолютно не знаем»[21]. Давайте взглянем на творчество Франца Шуберта и посмотрим, как реализуется в нем отношение времени и вечности.

Особое место в творчестве Шуберта занимают сонаты. Вот соната Relique (D840) – ее первая часть напоминает пространства последней сонаты (D960), но в совершенно другом развитии. Незавершенность третьей и четвертой частей может быть объяснена тем, что тогда Шуберт, наверное, еще не представлял точно, куда это развитие ведет. Вот соната-фантазия (D894) – с ее огромной первой частью, рисующей бесконечные пространства странствующего духа. Можно, конечно, не играть повторы и сократить ее до десяти минут – но что останется? Смысл пропадет. Gasteiner (D850) – с радостным принятием жизни и изумительным тиканьем времени в финале.

В предпоследней сонате D959 (которую не играл С.Т. Рихтер), в анданте показано печальное скитание (Wanderung) по миру, которое приводит к его границам и Wanderer видит их и выходит за их пределы (отображение в ничто). Оно получит продолжение в последней сонате с ее пустотами первой части, осознаванием обреченности во второй, ирреальным потоком времени в третьей и безумием вопроса о смысле всего в четвертой. Но в целом предпоследняя соната принимает жизнь в ее субстанциальной радости. Скитание анданте D959 чем-то напоминает (не музыкально, а «субстанциально») скитание в скерцо сонаты ор. 106 (Hammerklavier) Бетховена. Там тоже выход в ничто, но не экзистенциально-трагичный, а, скорее, ироничный, как бы пародирующий принятие жизни и ее субстанциальное обоснование через фугато в первой части. Размышление

---

[21] Борисов Ю.О. По направлению к Рихтеру. Рутена, Москва, 2003.

начинается с иронии, говорил Сократ, и это глубочайшее трагическое размышление у Бетховена следует далее – в Адажио (из которого он находит выход в единстве мышления и действия фуги, порождающем неизбежный бытийный процесс). У Шуберта скитание и размышление в одной части, соната в целом, конечно проще, чем Hammerklavier, но ее Анданте – музыка, несопоставимая ни с чем другим.

Последняя соната (D960) – это в том числе и размышление о времени, где оно само себя созерцает через ничто. Из трех записей С.Т. Рихтера, которые я слышал, студийная – самого хорошего качества, но лучше всех запись из Москвы 1957 года, наверное та, которую слышал Глен Гульд (не любивший Шуберта, но оценивший это исполнение; жаль, что он не слышал реконструкции Десятой симфонии, особенно скерцо-финала, оно больше соответствует его взглядам на музыку и наверное ему бы понравилось). Артур Шнабель играет совсем по-другому и более быстрый характер его игры создает иное ощущение, возможно, более близкое к исходному замыслу композитора.

Виолончельный квинтет (D956) иногда сравнивают с последними квартетами Бетховена и действительно это правомерно. Однако общее настроение Квинтета отличается от бетховенского: колорит его более мрачный. Я бы рискнул сравнить его с поздними квартетами Шостаковича по общей концепции и настроению, а именно с Четырнадцатым и Пятнадцатым. И здесь и там ощущение пустоты и вместе с тем неумирающей красоты, парящей над этой пустотой. Движение первой части Квинтета бесконечно и в то же время ограничено конструкцией. В разработке развитие подходит к пределам конструкции и возвращается назад, чтобы остаться в пределах, в которых существует эта структура. В то же время здесь созерцание конечности самого процесса созерцания, хотя предмет созерцания вечен. Между созерцанием и его предметом лежит ничто. И поэтому процесс эфемерен, он есть парение над ничто. Вторая часть уже есть само созерцание ничто. Процесс этот приводит к ужасу и возвращение из этого ужаса приводит к вариациям, которые оставляют все в том же состоянии и не препятствуют возвращению ужаса. После этого реальный мир (в скерцо) предстает как злое кручение, пляска смерти, и только в трио созерцание бесконечности уводит на время из этого кручения. А финал – как бы взгляд с другой стороны на это круговращение, в котором разные проекции по-разному, но с одинаковой силой вовлекают в этот ирреальный круговорот. Что дальше? – а ничего, иллюзия успокоения разрушается появлением опять ре бемоля перед завершением в «до» и возвращает ощущение ирреальности. Лучшее исполнение – Emerson квартет с М. Ростроповичем. Квартет Альбана Берга исполняет тоже хорошо, но нет повтора в первой части и не так явно показана ирреальность созерцания ничто.

Переходы между мажором и минором у Шуберта почти так же неуловимы, как у Моцарта, у Шуберта, пожалуй, их все-таки легче рассмотреть. Самый классический пример – Баркарола («Aus dem wasser zu singen»), где представляются блики света и тени на воде. В поздних произведениях мажор бывает трагичнее минора. Соединение музыкальных фраз через ничто – это и есть созерцание бесконечности. В первой части последней сонаты, в виолончельном квинтете. Время пропадает, а потом мы опять входим («на время») во временной мир. А мажор финалов последней сонаты и квинтета изображает то, что потом мы находим у Шостаковича, например во второй пьесе для октета. Если это безумие, то безумие интеллектуальное, некая симуляция выхода из мира.

После неоконченной симфонии (D759) остается ощущение, что всё высказано и в то же время остается некоторая неопределенность. Вторая часть может восприниматься, как уход и примирение, в котором остается некоторая недосказанность. Дальше Шуберт пишет Большую (Grosse) симфонию до мажор (D944), которая вполне может восприниматься в другом значении, как Великая, потому что смысл в ней действительно великий. Послушайте ее у Фуртвенглера: после медленного начала с трубой развивается радостная музыка первой части – это радость чего? Это радость вечной жизни, радость воскресения в бесконечном возрождающемся и самообновляющемся мире.

Это субстанцирование радости, осознание ее как основы мироздания, как и в финале Девятой симфонии Бетховена. Не случайно интонации Оды к радости слышны и в первой части, и в финале симфонии Шуберта. Радость – это переживание «любви, что движет Солнце и светила» у Данте. Но чтобы прийти к ней, нужно пройти по жизни, пройти через мир, осознавая порой свою обреченность и в то же время имея сознание необходимости, ведущей через жизнь. Это вторая часть. Но энергия радости воскресения наделяет жизнь смыслом, и это можно услышать и в третьей части, где жизнь восстает в своей значимости и силе, и в четвертой, где ее течение предстает как объективный процесс, включающий в себя радость как основное чувство возникающее из вовлеченности в этот процесс.

Десятая симфония. Восстановленная по наброскам, эта симфония продолжает тему вечной жизни и воскресения. Более призывное начало, чем в Девятой, и переходящее легче в радость свободы. Первая часть после медленного вступления вводит в мир, где безвыходность и трагедия остались позади. Только в одном месте прежний мир напоминает о себе, почти как у Малера в Адажио незавершенной им Десятой симфонии, только в миниатюре и более непосредственно. Вторая часть – бесконечная Lied, то, что потом появится у того же Малера: нет, это не Шуман или Брамс, гораздо более глубоко и экзистенциально. Это вершина, к которой приблизится потом только Малер. И наконец скерцо-финал. Должна ли была быть еще одна часть? Наверное, всё уже сказано. Контрапунктная техника, которой почти не было у более раннего Шуберта, логически оправдывает поток бытия. Это как бы соединенные скерцо и финал Девятой симфонии Бетховена. Тема радости здесь промелькнет, и сам поток уже преображен, в нем нет ничего мрачного и страшного, он сама вечная жизнь.

БЫТИЕ, РАЗОРВАННОЕ ВРЕМЕНЕМ: ОПЫТ РУССКОЙ МУЗЫКИ И ЛИТЕРАТУРЫ

...Ангела спросил я: мощною стопою
Грозно стал над морем он и над землёю,
И трубою судной мне гремит в ответ:
– «Время?... – Время было; но его уж нет!»

Л.А. Мей

МУСОРГСКИЙ И СУДЬБА РОССИИ

На материале русский истории Модест Петрович Мусоргский показывает разделенность божественного и земного, божеского и человеческого, логоса и физиса, между которыми в России пролегает пропасть. Мечта русской философии о софийности бытия находит великое выражение в искусстве (вспомним фильм «Андрей Рублев» Тарковского), тогда как в повседневной, особенно политической, жизни, имеет место трагическое переживание отсутствия софийности. Более того, воплощение духовной концепции в миру превращает жизнь в еще больший ад. Мудрому носителю логоса в мире соответствует свой двойник (совсем как у Достоевского, даже еще более разнополюсно), и результатом становится разрушение реальности, страны и гибель большого количества людей.

Георгий Васильевич Свиридов точно определил, что Мусоргский – это Толстой и Достоевский одновременно. Но дальше он говорит о том, что спасение в картине мира Мусоргского состоит в религии. Однако, показывая культурообразующую роль религии, Мусоргский одновременно раскрывает трагедию безысходности из-за невозможности воплощения трансцендентного начала в реальном историческом процессе. Вернее, его воплощение делает ад еще большим адом. Нет единства Бога и мира во вселенной Мусоргского и в российской жизни. Мечта о софийности в русской философии не воплощается в России Мусоргского и в России как таковой. Софийность мира в реальной истории России оборачивается крапленым объектом, теряющим смысл в новой метаигре, затеянной новыми людьми, как Аделаида Ивановна из «Игроков» Гоголя.

В «Борисе Годунове» двойники прежде всего Пимен и Григорий. Более того, Григорий уходит в мир, чтобы внести в него истину, которой обладает Пимен. Правда Пимена тотальна. Но ей соответствует реальность смуты – результат воплощения этой правды. Тотальность русской истины приводит к смуте и вторжению иноземцев. Результат воистину страшен. Всё-таки вина Бориса у Мусоргского менее очевидна, чем у Пушкина, но она всё еще имеет черты реального, позитивного факта. Владеет ли Пимен абсолютной истиной? – он уверен, что да. И Пимен появляется в конце, чтобы окончательно уничтожить Бориса (у Пушкина там другой старичок, то есть Пимен не столь тотален). Есть ли что-то плохое в Пимене? Нет, он несет правду, его гениально поет М.Д. Михайлов. И тем не менее на Земле становится больше тьмы, а не света. В «Борисе Годунове» (более прямо, чем у Пушкина) правда Пимена порождает Григория, который поднимается, чтобы принести смуту, а в конце оперы Пимен «добивает» Бориса, прямо неся ему эту правду в глаза.

Двойничество в «Хованщине» – это прежде всего Досифей и Иван Хованский с его стрельцами. Досифей, наверное, более догматичен, чем Пимен, но он обладает всеми положительными человеческими чертами: он мудр и добр, он способен понять по-человечески Марфу. И в то же время он ведет своих людей и страну к самоуничтожению. Выход для Досифея – сохранение тотальности правды через самоуничтожение. Согласно Досифею, истинная Россия должна самоуничтожиться, чтобы спастись. И это потому, что он любит Россию. Любит в ее тотальности.

Марфа показана в чувстве тотальности любви, от которой становится страшно Андрею Хованскому. В конце все же он оказывается в аду этой тотальности. Последние слова его должны быть обращены к Эмме, как у Мусоргского, а не к Марфе, как в некоторых постановках, то есть он все еще хочет вырваться. Гадание Марфы – политическая акция, благодаря которой она хочет изгнать из мира Голицына, потому что он вне этой тотальности. Она этого хочет еще больше, чем Досифей. Марфа верит в спасение через самоуничтожение, она хочет этого раньше.

Тот, кто выступает против Хованских, Шакловитый, выражает светскую тотальную идею, противоположную концепции Досифея, но сходную с ней в ее тотальности. Его идея – это административная, не церковная, самодостаточность России. Он ужасный человек, а тоже любит Россию (именно ему дана благородная ария «Спит стрелецкое гнездо», которую Шаляпин хотел бы отдать Досифею). Все любят Россию в «Хованщине». Любят тотально, и тотальность любви каждого приводит к ее разрушению. Шакловитый в арии поет об отсутствии смысла в страдании русского народа. Руси не было хорошо ни от восточных татар, ни от западных немцев, ни от своих бояр. При этом сам Шакловитый представляет существующую власть. Он действует в рамках этой власти самостоятельно, исходя из самодостаточности светской административной структуры России. И его тотальность делает его не меньшим злодеем, чем Хованские.

В этой ситуации умеренная, скорее западническая позиция, основанная на балансе интересов различных групп, оказывается исходно слабой. Голицын и с пастором ведет себя так, чтобы не раздразнить консерваторов, и с Хованским, чтобы не подчиниться, проигрывая в результате.

В «Хованщине» носителем русской правды на уровне идеи является Досифей, а в жизни ее реализует двойник Досифея в миру – Иван Хованский с его погромствующими стрельцами. Эта идея правды приводит Досифея и его единомышленников к самосожжению, после чего люди Петра приходят на пустое место и начинают всё сначала. Мудрому Досифею в миру соответствует сумасброд и солдафон, уверенный и самонадеянный в своей правоте, но прежде всего благодаря своей грубой силе. Он убежден, что он прав и страна принадлежит ему. Он при этом указывает Досифею, что нужно действовать в миру, а не уходить в монахи. Однако Досифей для действующей власти опаснее: стрельцов власть оказалась способной помиловать (на этот раз), но идеолога (Досифея) с его людьми власть не помилует никогда.

На этом фоне и развивается новая тотальная и безграничная власть Петра. Она ставит себе на службу и Запад с его технологиями, и Восток с его крепостничеством. И все это новое развивается на пустом месте уничтожившего себя старого. Начинается новый цикл. И так, наверное, до того времени, когда часть отождествит себя с Западом, а часть с Востоком. Что же останется в конце концов? А останется главное – софийность великой культуры. Конечно, все дойдет не целиком, но великая целостность будет просматриваться в сохранившихся частях. Как в стихах доктора Живаго. Как в цветном финале «Андрея Рублева» Тарковского. И, конечно, как в немногих сохранившихся иконах самого Андрея Рублева.

ИДЕЯ БЕССМЕРТИЯ В ТВОРЧЕСТВЕ ШОСТАКОВИЧА

Согласно распространенному мнению, Дмитрий Дмитриевич Шостакович был атеистом и его музыка не имеет религиозного смысла. Однако такой великий художник, как Шостакович, не мог оставаться в рамках неотрефлексированных атеистических представлений, напротив, его музыка при кажущейся безысходности многих произведений, пожалуй наиболее полно выразила глубинный смысл существования, какой только мог быть в опыте трагедий и абсурда истории двадцатого века. Более того, неотнесенность Шостаковича прямо к религиозной традиции позволяла ему чувствовать смысл вне рамок какой-либо доктрины, что делает его музыку наиболее оригинальной и глубокой в двадцатом веке.

Известно, что после исполнения Пятой симфонии А.А. Фадеев (человек, загубивший свой талант и потом поплатившийся за это) сказал, что мажорный финал воспринимается «не как победа, а как месть за что-то». Если в Пятой симфонии это может быть месть внешняя, разрушающая индивидуальность, то в Десятой – это индивидуальное действие, когда сокрушается всё, и после этого разрушения не остается камня на камне (четко это слышно в скерцо, а в последних тактах финала в немногих исполнениях, например у Кирилла Кондрашина и Саймона Рэттла, но не у Мравинского, Янсонса или Караяна). В Первом виолончельном концерте всё заканчивается полным поглощением во внешней активной, но мертвой стихии. Вне социального контекста это прослеживается в финале Четырнадцатой симфонии, в мажорном конце Двенадцатого квартета, во многих других произведениях.

Однако выход из этого состояния виден во многих других произведениях и не только поздних. В финале Четвертой симфонии решение на первый взгляд противоположное Малеру в его Симфонии Воскресения. Однако уход после страшной музыки конца финала не есть уход в ничто, он есть уход из этого абсурдного и трагического мира в иное бытие, которое мы не знаем, но которое есть. Предвосхищение этого – конец скерцо, после которого вступает траурный «малеровский» марш. Пятая симфония с ее «forced» концом финала, при всей его трагичности и (не)двусмысленности, означала принятие этого мира в том смысле, что автор остается в нем, и в этом смысле была подсознательно оценена как социально положительная, как бы ни воспринимали ее. Принятие мира есть и в Седьмой симфонии, которая воспринимается прежде всего как симфония о человеческом достоинстве, которое нельзя истребить, безотносительно к тому, какие исторические события послужили причиной написания этой симфонии.

То, что появилось в Четвертой симфонии, было детально разработано в Восьмой. Казалось бы после страшной первой части и двух скерцо, в первом из которых показан абсурд социального действия, приводящий к всеперемалывающей машине, и триумф смерти во втором, не должно оставаться ничего. Однако без перерыва следуют две следующие части. Что такое Пассакалия? Она начинается грозными ударами, как бы продолжающими скерцо, а потом музыка проваливается и как бы застаивается, вариативно повторяя многократно тему. Это как нахождение в преисподней, глубинное состояние духа, когда внешний мир самоуничтожился и остается только ощущение, что ничего нет. Это может длиться долго, но в этой видимой статичности (хотя часть недлинная), кажется, что ничего не происходит. Пробуждение из этого смертного сна возникает как чудо, и это воскресение сначала появляется как некий рассвет, как пастораль, появляющаяся чудесно ниоткуда, но вместе с тем необходимо и неизбежно. Той жизни нет, людей тоже нет, но жизнь воскресла. Она робко развивается и в какой-то момент порождает то, что было, но в менее страшной, скорее фарсовой форме. И это опять же проходит и жизнь возвращается, удаляясь и замирая в точке, где бытие и небытие едины, наверное в той же точке, где заканчивается Четвертая симфония.

Если в Первом виолончельном концерте автор возвращается в тот же мир, из которого он временно вышел в глубоких размышлениях, то во Втором виолончельном концерте душа изначально свободна, но в процессе своего пути вынуждена принимать условные и часто абсурдные рамки внешнего детерминизма, из которого она в конце финала выходит. Как это ни странно может звучать, это произведение более оптимистическое, чем Первый виолончельный концерт. Там было возвращение в абсурд, здесь – выход. Тот, который намечался в Четвертой симфонии. Здесь он – итог жизни.

В Двенадцатом квартете навязанная радость является условием существования и его лжи (то есть существование невозможно без радости бытия, но эта радость «небытийна», она искусственно навязывается самим фактом существования). Постоянное возвращение этой радости и ее утверждение в финале заставляют вспомнить финал Пятой симфонии, но в Квартете – без всяких политических аллюзий. Вернее, в более общем смысле, в котором политические аллюзии – только частный случай. В Тринадцатом квартете небытийность радости пропадает вместе с радостью и остается сама небытийность. С самого начала, затем в бессмысленном кружении, сопровождающемся ударами по деке инструментов, разворачивается ощущение небытия как истины этого мира. И все-таки и это неистинно, и возможен уход. Этот уход в конце – не такой, как в Пятнадцатой симфонии или Втором виолончельном концерте. Там – свобода, здесь неизвестность. Последний звук – это как бы «протыкание» мира, чтобы выйти из него. Но выход есть, и, наверное, он не в ничто, потому что ничто здесь, а не там.

Слушая Четырнадцатый квартет, кажется, что первая часть изображает мир как ничто. Все это мажорное движение – как парение над бесконечным ничто. Но в последующих частях появляются искренние чувства, чувства любви к эфемерному, но дорогому в этом эфемерном мире. Что приходит в голову – подобные чувства выражены у Шуберта в его Виолончельном квинтете, особенно второй части. Отсюда слабая надежда на смысл, обретаемый в индивидуальном существовании.

В Пятнадцатом квартете Шостакович проходит через все уровни разрушения бытия, чтобы потом вернуться к основной теме, которая объясняет всё: двенадцать пронизывающих тонов, предваряющих мелодию Серенады, Ноктюрн, в котором ночь – это ночь небытия, Траурный марш, а также ирреальные восхождения Эпилога. Ибо в этой древней мелодии истина, которая включает в себя всё, что было, есть и будет, не нуждается в изощренности новейших музыкальных техник. Она одна и могла быть выражена и в Средние века, и в Ренессанс, и в Новое Время. И в этом глубинный смысл, который везде и всегда – и надежда на бессмертие.

В Четырнадцатой симфонии, где тема смерти является центральной, идея бессмертия появляется в части «О Дельвиг, Дельвиг» на стихи В.К. Кюхельбекера как отблеск творения поэта, когда «бессмертие равно удел и смелых, вдохновенных дел, и сладостного песнопенья». Но здесь катарсис – это момент, который увиден, но затем скрывается снова, за ним следует «Смерть поэта» и далее «Эпилог», в котором катарсиса нет. И все же симфония изображает не триумф смерти, в ней есть выход в трансцендентное, и это еще более открывается в Пятнадцатой, последней симфонии.

В Пятнадцатой симфонии наиболее полно отражен космос Шостаковича, такая вот «расширенная до границ космоса земля», которая все же может исчезнуть в финале и всё прекрасно преобразится, всё разрешится там, где не будет разделения на да и нет, белое и черное и т.д. А здесь на земле и саркастическая история людей как детей, почувствовавших себя свободными, и трагическая поступь смерти, и опять возникающая после нее бессмысленная радость жизни, такая вот реинкарнация без обретения понимания. А понимание все же приходит в финале. Так же, как потом в Альтовой сонате. Так же, как в последних квартетах Бетховена. Через преображение, а не преодоление.

Музыка Шостаковича изображает то, что происходит на земле, и в этом он близок Бетховену (с оговорками). Если это ад, то он часть земной жизни или даже вся она, но тем не менее выход все-таки есть, по крайней мере в некоторых произведениях. Отрицающая себя история может быть или страшной, как в Четвертой симфонии, или иронично-веселой, как в Девятой (с memento mori четвертой части). Но это история, разворачивающаяся на земле, поэтому прав был Стоковский, утверждая, что со времен Бетховена никто так не разговаривал с человечеством. В этом смысле космос Шнитке иной, там больше не земля, а другая реальность, в которой земля только маленький эпизод. Там ад как устройство космоса, как у Босха. Из него можно выйти тоже, но через тот же космос, а у Шостаковича надо подняться в космос с земли. В этом, наверное, главное отличие. Поэтому Шостакович более актуален здесь, на земле, потому что это основная проблема – понять, почему все-таки она существует. И через эту музыку мы приближаемся к пониманию. А у Шнитке космос дан изначально.

В музыке Шостаковича зло, орудующее в этом мире, зачастую огромно, но не бесконечно. Можно искать выход и в этих поисках быть захваченным злом снова и не найти выхода, как в Первом виолончельном концерте. Можно найти выход, как-то выйдя из этого мира, но не через смерть (там начинается всё сначала, как в скерцо Пятнадцатой симфонии), а через ее осознание и преодоление (как в финале симфонии). Даже в Четырнадцатой отсутствие выхода не абсолютно. Шостакович изображал страшный детерминизм зла в этом мире, но искал выход из тотальности зла, и в этом великий гуманизм его музыки.

ОТ «ЛЕДИ МАКБЕТ МЦЕНСКОГО УЕЗДА» К «ЖИЗНИ С ИДИОТОМ»

К 1914 году завершился петербургский период российской истории и через трагический переход мировой войны начался новый период, который можно назвать неоскифским, следуя знаменитому стихотворению А.А. Блока и музыке раннего С.С. Прокофьева – даже не «Скифской сюите», а Второму концерту для фортепиано с оркестром. Второй концерт дает такой дохристианский образ России, не в смысле языческой «Весны Священной» И.Ф. Стравинского, а рисуя музыкальную образность даже более ранних степных номадических культур, завоевавших всю Европу и Азию до Индии и распространивших свое влияние на полмира. Неоскифская Россия тоже распространила влияние на полмира – треть Земного шара контролировалась дохристианской, даже доантичной, идеологией, парадоксальным образом трансформировавшейся из новоевропейского рационализма. В неоскифский период у безумия был «метод», как сказано Гамлетом, то есть элемент рациональности. Это не значит, что это безумие лучше, оно на самом деле еще страшнее, что отражено с особенной силой в токкате-скерцо Восьмой симфонии Д.Д. Шостаковича. -

Но вернемся к неоскифской России. С.С. Прокофьев отразил ее как гениальный скиф, тогда как Д.Д. Шостакович – как великий гуманист, страдающий и сопереживающий вместе с миллионами «замученных живьем». Конечно, характеристика Прокофьева как «скифа» сужает его, и великолепный Второй концерт с его энергией и неистовством в большей степени соответствует этому определению, чем Третий, в котором больше классической русскости, особенно в вариациях второй части и в ярком финале. Но такие произведения, как Кантата к 20-летию Октября и Здравица к 60-летию Сталина, – это великолепные и в то же время чудовищные сочинения. Они написаны со всем богатством прокофьевского музыкального языка и показывают, при всей его гениальности, его включенность в систему тоталитарного варварства. Когда Д.Д. Шостакович писал произведения для власти, он сознательно шел на упрощение музыкального языка, а в творчестве С.С. Прокофьева эти произведения остаются главными. Есть, конечно, и у Шостаковича такие произведения, как Вторая («Первомайская») и Третья («Посвящение Октябрю») симфонии, а потом Двенадцатая («1917 год»), но все же их значение в его творчестве не самое первостепенное. Это вовсе не относится к антитоталитарной Одиннадцатой симфонии (1905-й год), хотя и Двенадцатая, написанная, скорее, по необходимости продолжения предыдущей темы, не столь проста и однозначна, как может показаться вначале. А два отмеченных произведения С.С. Прокофьева остаются чудовищными памятниками эпохи, первое из которых и исполнено-то быть в ней не могло по причине равновеликости тоталитарности самой эпохи. И только теперь они зазвучали по-настоящему.

А вот Четвертая симфония Д.Д. Шостаковича имеет антитоталитарный масштаб, превосходящий масштаб тоталитарности эпохи. Именно поэтому она не была исполнена до 1961 года. Такой же антитоталитарный масштаб имеют и Восьмая (которую можно было ассоциировать с войной и тем самым оправдать, хотя ее трагизм для власти был вызывающим), и Десятая (которую до смерти Сталина тоже нельзя было исполнить). А Пятая и Седьмая, на первый взгляд, менее антитоталитарны, но это прежде всего симфонии о человеческом достоинстве, которое нужно было сохранить в преступное время, чтобы пережить его. А иначе – погибнешь «на границе совести» (В.Т. Шаламов).

Итак, есть монументальное обобщение – Четвертая симфония, которая всей своей сложной, и, иногда кажется даже, громоздкой структурой ведет из страшного времени в вечность – и этот переход сам по себе соответствует ужасу времени. Кода симфонии – это разрешение всех ужасов первой части, а также мимолетных удовольствий, радостей утверждения, доминирующих в середине последней, третьей части, где герой как будто забывает, что его жизнь – это путь на Голгофу, обозначенный в начале части. И разрешение всего само является ужасным, но оно ведет к истине, которая необязательно ничто, напротив – ничто было все стремление в центральном разделе финала, и ритм биения человеческого сердца предвосхищает выход из этого безумия, и этот трансцендентный финал – вершина музыкального развития, его апофеоз. В Восьмой симфонии – тоже выход в трансцендентное, но более спокойный, когда все страшное уже давно себя само уничтожило, и музыка открывается в новую бесконечную реальность... А вот финалы Пятой и Десятой симфоний оставляют человека в мире, где утверждающее себя зло как раз сокрушает всё и радуется этому сокрушению...

Помимо симфонического решения, Д.Д. Шостакович стремится выразить художественную правду через другой жанр – оперу. Для этого он обращается к повести Н.С. Лескова «Леди Макбет Мценского уезда». Есть ли параллели в этой повести тому, что происходило в России в XX веке? Эти параллели, конечно, непрямые, но они усилены композитором и поставлены как вопрос о возможности или невозможности насилия и убийства как средства освобождения из реальности, из которой по-другому освободиться нельзя. Такова ли была ситуация в России, об этом можно много говорить, но исторический тупик начала века, безусловно, был. И композитор, может быть и подсознательно, ассоциирует образ Катерины Измайловой с образом России XX века, которая тоже пошла на убийство, поскольку казалось, что таким образом будет обретен выход из исторического тупика.

Безысходность, трагедия жизни, а также невозможность реализации базового биологического инстинкта, находит разрешение в череде убийств. При этом Д.Д. Шостакович все же сочувствует Катерине, она в опере остается в какой-то мере жертвой чрезвычайных обстоятельств. «По сравнению с женщиной-вампиром Кармен, она девочка», - говорил Б.А. Покровский. А М.Л. Ростропович, гениально поставивший оперу в Лондоне, говорил, имея в виду наличие второй, самоцензурированной, редакции, что нужна третья редакция, поскольку надо все же понять, «сволочь она или не сволочь». Элемент недосказанности, конечно, должен оставаться в искусстве, но, наверное, российская история последних ста лет, склоняет к ответу на этот вопрос, что да, все-таки «сволочь».

Воля обстоятельств подчеркнута в либретто оперы отклонением от исходной криминальной фабулы повести. В повести есть еще корыстное и хладнокровное убийство малолетнего племянника, что отсутствует в опере. В повести Катерина беременеет и родит ребенка от Сергея, от которого она спокойно отказывается при отправке на каторгу, в либретто никакого ребенка нет. В опере Катерина также испытывает приставания Бориса Тимофеевича. В опере Сергей подвергается публичному телесному истязанию на глазах Катерины. Все это делает обстановку даже более беспросветной, чем в повести, что вызывает к Катерине определенное сочувствие.

Катерина, будучи в общем-то неграмотной, бессознательно решает вопрос Раскольникова, и если Ф.М. Достоевский пытается в конце привести героя к христианскому разрешению его противоречий, как бы это ни казалось обусловленным волей писателя, то в Катерине Измайловой никакого выхода нет. И этого выхода не находится и в истории...

Является ли опера столь глубоким обобщением, как Четвертая, Пятая, Восьмая, Десятая симфонии? Симфоническое искусство может быть принципиально глубже, но опера с ее наглядностью может доходить до большего числа людей. «Дошла» она и до Сталина, по крайней мере на подсознательном уровне, как «Убийство Гонзаго», поставленное Гамлетом, что чуть было не стоило Д.Д. Шостаковичу жизни. Тогда он снял с постановки Четвертую симфонию и написал Пятую, которую восприняли как «достойный ответ на критику» и как принятие эпохи. А «Леди Макбет Мценского уезда» осталась великим памятником эпохи и одной из великих опер XX века. Обобщена ли в ней история человечества и история России, как в «Хованщине» М.П. Мусоргского? Можно предположить, что бытовая история, развернутая до мирового масштаба, не дает возможности обобщения такого уровня, поэтому И.Ф. Стравинский и считал оперу «провинциальной». А она провинциальной не является, это

Россия стала провинциальной из-за возвращения к дохристианской этике. И для Д.Д. Шостаковича эта опера являлась одним из самых важных его сочинений, про этом художественный уровень обобщения воистину велик при таком сюжете, который все же нельзя считать полностью соответствующим тем историческим событиям, которые происходили. Но, тем не менее, вряд ли можно было найти сюжет лучше для поставленной цели.

Людвиг ван Бетховен тоже воспринимал оперу «Фиделио» как одно из центральных своих произведений и очень серьезно относился к ее написанию, даже четыре увертюры написал. Опера, при всем ее великолепии, не стала самым популярным его произведением и все же не может быть поставлена вровень с его симфониями. Бетховен, конечно, не рисковал жизнью, написав эту оперу, но некоторые параллели можно провести между идеей, которую хотел воплотить композитор, и неизбежными ограничениями, налагаемыми либретто и сюжетом, на который написана опера.

Если в «Леди Макбет Мценского уезда» в центре трагизм неразрешимости экзистенциальной и социальной реальности, и эта неразрешимость сродни логической неразрешимости парадокса, из-за которой, по преданию, умер Филит Косский, то время истории само приводит если не к разрешению, то к ослаблению исходно неразрешимого противоречия. И это позволяет взглянуть на исходное противоречие сатирически, как это сделал Д.Д. Шостакович в произведении «Антиформалистический раёк» или в «Стихотворениях капитана Лебядкина».

Тут, наверное, стоит вспомнить «Недоросль» Д.И. Фонвизина, где госпожа Простакова говорит о муже: «На него, мой батюшка, находит такой, по-здешнему сказать, столбняк. Иногда, выпуча глаза, стоит битый час как вкопанный. Уж чего-то я с ним не делала; чего только он у меня не вытерпел! Ничем не проймешь. Ежели столбняк и попройдет, то занесет, мой батюшка, такую дичь, что у Бога просишь опять столбняка». Разве не отражена в этих словах парадоксальная история России?

Логически завершенный и тем самым страшный абсурд превращается в абсурд алогичный, теряющий всякий внутренний смысл. Это мы находим в опере А.Г. Шнитке «Жизнь с идиотом». Катерина Измайлова на новом витке истории оказалась замещена идиотом Вовой, а все перипетии и трагедии жизни оказываются результатом действий, которые исходно могут казаться обоснованными и разумными, как решение взять к себе идиота Вову.

Хотя «Жизнь с идиотом» ассоциируется с историей России в XX веке, она, скорее, обращена в будущее, в век XXI. Революционные реминесценции оперы, эскапады персонажей – они, тем не менее, лишены субстанциальности. Мир Шнитке не подразумевает выхода, но он подразумевает религиозное мировосприятие, в котором Бог находится в другой реальности, и эту реальность можно воспринимать. А мир, тем не менее, невозможно преобразовать, он дан как бы в назидание, чтобы была возможность веры в иную реальность. Фауст в опере Шнитке «Легенда о докторе Фаусте» (и в кантате, ставшей третьим актом оперы) не спасает душу, Шнитке, как ранее Томас Манн, возвращается к исходной средневековой легенде, игнорируя решение, которое обосновал И.В. Гете. «Фаустовский мир» закончился, открывая возможность «Новому Средневековью». Бог в этом «Новом Средневековье» может быть созерцаем глазами Босха, а не глазами Бетховена или Микеланджело. Сколько лет продлится это средневековье, несмотря на новые витки технического прогресса? Христианской культуре нужно было тысячу лет, чтобы начать строить новую цивилизацию. Будут ли найдены новые смыслы, о которых писал В.В. Налимов, или предстоит «жизнь с идиотом» на протяжении столетий, покажет время.

МЕТАФИЗИКА ИГРЫ И МЕТАИГРЫ («ИГРОКИ» ГОГОЛЯ И ШОСТАКОВИЧА)

Пьеса «Игроки» Н.В. Гоголя содержит в себе облеченную в литературную форму концептуальную структуру, которая дает живое описание метаматематической реальности, формально описанной только в двадцатом веке. Мечта Ихарева – спокойная жизнь («Вот покойчик уж самый покойный и шуму нет вовсе»), субстанцированная универсальной субстанцией, крапленым объектом – Аделаидой Ивановной, одушевленной колодой карт. Именно она привносит спокойствие в мир своим абсолютным миропорядком. Она создана упорным трудом Ихарева и он ее любит. Она его софийный принцип: в ней мудрость миропорядка. Раз она есть, Ихарев имеет могущество, всё ему подчиняется. Он выиграл восемьдесят тысяч и выиграет еще. Она метаобъект игры и объект желания Ихарева, женское начало, «которое движет солнце и светила» по Данте, das Ewig-Weibliche Фауста И.В. Гёте.

Напротив, у Утешительного, мир открыт, в нем нет абсолютных метаобъектов, поэтому он способен начать новую игру, шулерство в шулерстве. Эта открытая попперовская фальсификация или витгенштейновская языковая игра потенциально бесконечна. Сыграв эту игру, он придумает новую с новыми правилами. Это не введение в существующую игру своих правил или произвола, как шашки Ноздрева, а создание новой игры, в которой играющий сам становится объектом.

Ноздрев сам мечтал о колоде карт, на которую «можно было бы понадеяться, как на верного друга», а Ихарев, человек усидчивый и упорный, в отличие от Ноздрева, воплощает эту мечту. Ноздрев – человек открытого мира, но мира равнины, в пределах одного уровня: «Все, что ни видишь по эту сторону, всё это мое, и даже по ту сторону, весь этот лес, который вон синеет, и всё, что за лесом, всё мое». Он способен разрушить существующую игру, но не может создать новую. Ихарев же создает семантически замкнутую систему, которую Утешительный смог открыть в пространство новой игры.

Воплощение метафизической игры осуществляет Чичиков в «Мёртвых душах». В «Игроках» Утешительный напоминает удачливого Чичикова, играющего между семантическими уровнями, а Ихарев – Чичикова неудачливого, играющего в пределах одного уровня. Утешительный в новую игру вводит ложный объект – «абсолютно честного» человека Глова-старшего. Вера Ихарева в свою Аделаиду Ивановну становится предпосылкой веры в честность Глова. А то что Глов и все остальные могут иметь другие имена, то есть составлять другую систему, Ихарев не догадывается. Он смог замкнуть открытую систему игры своей Аделаидой Ивановной, но не смог увидеть другую игру, где он объект, а Аделаида Ивановна – ничто.

То, что Аделаида Ивановна этнически может восприниматься как немка, имеет некоторый относительный смысл, но его не стоит преувеличивать. «Аделаида Ивановна. Немка даже! Слышь, Кругель, это тебе жена». «Что я за немец, – оправдывается Кругель, – дед был немец, да и то не знал по-немецки». Русский человек – это не только хаотический Ноздрев, но и организованный Собакевич, весьма устойчиво поддерживающий свою организацию отгороженностью от системы, в которой все, по его мнению, мошенники, подлецы и свиньи. Эта отгороженность позволяет Собакевичу создать вполне процветающее самодостаточное хозяйство. Внутри этого хозяйства населяющие его (а также населявшие, разговор о них) крестьяне характеризуются Собакевичем как ценные, умелые, «все на отбор».

Аделаидой Ивановной Гоголь рационализирует пушкинскую «Пиковую даму». Он как бы строит метаматематическую конструкцию, в которой игра становится точной наукой, а Аделаида Ивановна – фундаментальное метавысказывание в системе этой науки. Глубина познаний в науке возможна, если ее практиковать с раннего детства. Ихарев – обладатель тайны «софийности» игры. Приобретение этого знания стоило огромных трудов. Аделаида Ивановна в системе, созданной Ихаревым, приобретает автономное существование, и когда в другой игре она утрачивает смысл, это может восприниматься как измена. Кто Аделаида Ивановна в этой системе – брошенная любовница или искусительница, бросившая Ихарева – вопрос, который не имеет смысла. «Чорт побери Аделаиду Ивановну!» – кричит Ихарев, «схватывает Аделаиду Ивановну и швыряет ею в дверь».

Когда начинается метаигра, значение Аделаиды Ивановны в системе становится равным нулю. Но Ихарев не замечает именно метаигру. Он в ней оказывается не субъектом, а объектом (как бы одной из карт), а в его системе отсчета метавысказывание, превращающее ситуацию в метаигру, не просматривается. Результат оказывается крахом: он проигрывает, а в новой ситуации метаигры в Аделаиде Ивановне нет смысла. Она не только не метаобъект, но даже уже и не объект: она есть и в то же время ее нет, она в новой системе исчезает, как Шамаханская царица. В записных книжках Гоголя есть запись: «Уже хочет достигнуть, схватить рукою, как вдруг помешательство и отдаление желанного предмета на огромное расстояние».

Итак, мир «Игроков» – это открытый мир игры, эволюция которого состоит в создании новых метаигр. Новая метаигра возникает из ничего, ее возникновение креативно. Возможно, незаконченность оперы Д.Д. Шостаковича «Игроки» объясняется неразрешимостью воплощения образа Аделаиды Ивановны даже для гения. В постановке Романа Виктюка Аделаиду Ивановну играет Маргарита Терехова, создавая немой образ соблазнительной женщины.

Еще Эйзенштейн отмечал, что «Ревизор» Гоголя – это скрытая пародия на «Бориса Годунова» Пушкина. Городничий, как и Царь, ведет свою игру, которая разрушается неким самозванцем. Основание для такого разрушения – слабое место в системе. В первом случае – убиенный царевич (или даже не убиенный, а умерший сам, но доказать это нельзя, есть лазейка для окружающих доказывать обратное). Во втором случае слабое место в системе может появиться где угодно, это в том числе и унтер-офицерская вдова, которая «сама себя высекла» (царевич, возможно, тоже себя убил, играя в ножички).

Разрешение ситуации может быть различным. В «Игроках» победителем оказывается изобретатель новых правил игры Утешительный, а в «Женитьбе» – играющий по новым правилам Кочкарев проигрывает потому, что Подколесин нарушает эти правила навязанной ему игры. Внешний объект, присвоивший чужое имя, кажется призрачным («сосулька, тряпка»), но он берет на себя определение самого объекта, ставя себя на место отсутствующего смысла, «называя» себя. Тем самым он начинает метаигру, в которой система существовавшей до этого игры ломается.

НЕЗАВЕРШЁННЫЙ СИМФОНИЗМ «БРАТЬЕВ КАРАМАЗОВЫХ»

Я с восторгом читаю «Братьев Карамазовых». Это самая поразительная книга из всех, которые попадали мне в руки... Достоевский показал нам жизнь, это верно; но цель его заключалась в том, чтобы обратить наше внимание на загадку духовного бытия...

Альберт Эйнштейн

«Братья Карамазовы» – величайший роман из всех, когда-либо написанных, а «Легенда о Великом Инквизиторе» – одно из высочайших достижений мировой литературы, переоценить которое невозможно.

Зигмунд Фрейд

Структура и полифоничность субъекта

Структура субъекта, которая в соответствии с представлениями психоанализа выводится из структуры Эдипова комплекса, делает возможным потенциальное включение всего внешнего мира в свою семиотическую систему. Эта структура фиксирует противоречие, появляющееся как проекция бесконечного в конечное множество. Данная фиксация позволяет включить другие субъекты в систему семиотических отношений и увидеть себя на месте другого, а также глазами другого, т.е. понять другого как субъекта. Отсюда начинается этика, культура и социальная эволюция.

Реализация внешнего мира в структуре субъекта появляется через образ другого. Первоначально образы себя и другого несут противоречие, состоящее в том, что оба идентифицируются с объектом желания. Идентификация субъекта с матерью как объектом желания встречает препятствие в наличии того, в котором отражена эта более ранняя идентификация, т.е. в наличии символа отца, исходно включенного в структуру субъекта. Наиболее общая и базовая структура субъекта возникает как результат этой идентификации и ассоциируется со структурой Эдипова комплекса.

Главное значение этой структуры состоит в том, что включение внешнего мира в семиотическую структуру происходит одновременно с символом отца. Поскольку в структуре Эдипова комплекса символ отца препятствует обладанию матери, это эквивалентно отбору значений из бессознательного через подавление и структуризацию бессознательных импульсов, что соответствует процессу сигнификации через запрет, налагаемый «Сверх-Я» (у Зигмунда Фрейда) или «Символическим» (у Жака Лакана). Согласно Лакану, Эдипов комплекс соответствует существованию символической системы независимо от субъекта.

Эта независимость не может быть полностью описана в конечных категориях и означает включение трансцендентного в структуру субъекта. Это также означает, что структура субъекта включает символ, который обозначает некоторую внешнюю реальность. Это обозначение привходит через символизацию некоторого внешнего конечного объекта. Исходно оно идентифицируется с действием отца, который селектирует значения из бессознательного и наделяет Эго именем. Предельное понятие такого наделения внешней реальности (действие «Символического»), может быть идентифицировано с Богом как Словом, или Логосом. Существование бессознательного («Реального», по Лакану, или «Оно» по Фрейду), структурированного «Символическим» («Сверх-Я») и ассоциированного с матерью, подразумевает существование их пересечения («Воображаемого», по Лакану, или «Я», «Эго», по Фрейду). «Эго» появляется как проекция «Сверх-Я» на бессознательное («Оно»), формируя брешь между желанием и объектом внешнего мира.

Основной характеристикой Эдипова комплекса является то, что он содержит «замещенный объект». Отец отсутствует (убит) и в то же самое время присутствует (как символ). В этой базовой структуре существование и несуществование присутствуют одновременно в одном знаке.

Фундаментальные рефлексии человеческой личности, прежде всего ощущение (рефлексия) собственной конечности (смертности), базируются в этой структуре. Но эта структура содержит также и возможность примирения данного противоречия. Идея воскресения может быть интерпретирована через прояснение и понимание данной структуры. В Христианстве исходное событие Эдипова комплекса (убийство отца) получает примирение через жертву Сына, и такое разрешение определяет бесконечное развитие культурной системы Христианства.

После семиотизации представлений Фрейда в концепции Лакана, следующей ступенью в формализации психологической структуры субъекта стало появление рефлексивной психологии Владимира Лефевра. Лефевр предложил способ редукции психологических структур к элементарным алгебраическим операциям, назвав свой подход «Алгеброй сознания». Мы рассмотрим концепцию Лефевра и покажем, что она доводит базовые идеи фрейдовской психологии до логического конца, редуцируя их до простых операций, что позволяет определить и различить основные типы поведения и построить успешно формализованную теорию души.

Модель человеческой рефлексии Лефевра основана на том, что оценка субъектом себя и ощущение этой оценки как негативной или позитивной происходит без усилий сознания, т.е. автоматически, и посредством этого оценивания фрейдовская триадическая семиотическая структура субъекта может быть редуцирована к простым булевым схемам. Структура рефлексии моделируется Лефевром с использованием булевой алгебры, что приводит к пониманию конкретных формальных законов рефлексии, определяющих человеческое поведение. В модели Лефевра рефлексия состоит из следующих компонент:

a_0 – интенция субъекта А, которую он не ощущает (поэтому она соответствует бессознательному);

a_1 – интенция представления субъекта о себе, которая переводит начальную интенцию в акцию – поведение (она соответствует активности эго – Я);

a_2 – представление субъектом себя, как он представляет (оценивает) свою собственную интенцию поведения. Это представление (оценка) появляется в картине мора субъекта как следствие морального закона и соответствует Сверх-Я.

Каждый компонент рефлексии может быть охарактеризован одним из двух значений (0 или 1), и комбинация этих двух значений представляет конкретную структуру субъекта. Структуры, включающие двух субъектов А и В, характеризуются ситуацией, в которой рефлексия реализуется опосредованно через включение второго субъекта (В).

Конструкция формальных моделей рефлексии приводит к заключению о существовании двух принципиально различных этических систем: «западной» (W) и «восточной» (E). В одной из них (W) комбинация событий, характеризующихся противоположными оценками оценивается как негативная, тогда как их разделение оценивается как позитивное. В другой (E) – комбинация «плохого» и «хорошего» оценивается позитивно, а их разделение – негативно.

Сведение рефлексии к формальной логике, по Лефевру, приводит к появлению математических констант, например константы бинарного выбора, когда тестируемый выбирает из множества примерно одинаковых объектов примерно 62% как соответствующих позитивному критерию выбора (значение золотого сечения). Модель рефлексии способна объяснить паттерны музыкальных интервалов в европейской культуре, а также появление золотого сечения в произведениях архитектуры и искусства. В формальной модели рефлексии структура субъекта моделируется триадами бинарных оппозиций (интенций субъекта), а общее количество появляющихся структур кратно четырем (их восемь в простой структуре, включающей один субъект А).

Мы можем утверждать, что структуры Лефевра – это наиболее формализованные структуры психоанализа, т.е. они происходят из исходной структуры Эдипова комплекса. В модели рефлексии Лефевра триадическая фрейдовская семиотическая структура сознания редуцирована до рекурсивных булевых схем. Уникальная система дихотомических конструкций служит субъекту специальной осью для проекции интенций другого субъекта. В ходе внутреннего процесса, когда делается выбор стратегии поведения, рефлексивная система субъекта производит процедуру максимизации прагматического статуса представления о себе.

Имеются интерпретации, которые претендуют на простое разрешение парадокса двух рефлексивных систем. Так, концепция «конца истории» Френсиса Фукуямы основана на приоритете одной системы – W («западной») над E («восточной»), хотя в социальном организме человеческого общества обе системы функционируют, как два полушария человеческого мозга. Кроме того, имеется много различных аспектов социального функционирования, и социальные организмы могут характеризоваться W типом в одних (например в экономических) и E типом в других аспектах (скажем, в политических). Эволюция от E к W в ранних обществах характеризует переход от сакрального к утилитарному, а в целом – от абсолютных форм (эйдосов) к материализованным орудиям («техносам»), как указывал М.К. Мамардашвили в «Картезианских размышлениях».

Сигнификация абсолютного в конечном знаке стала стартовой точкой в развитии цивилизации, и конкретные паттерны этой сигнификации определяют специфические свойства конкретных культур и их развития. Это развитие может быть потенциально бесконечным, представляя собой разворачивание исходного импульса воплощения абсолютного в первичном знаке, сигнифицирующем культурную систему. Парадокс состоит в том, что системы W и E дают противоположные ответы относительно моделей поведения и рассматривают ответы, которые предлагает противоположная система, как ложные. Однако этот парадокс определяет пространственно-временное развертывание структур в ходе социальной эволюции.

Оба типа решений (основанных либо на W, либо на E) будут появляться в будущем. Только когда возникнет принципиально новая организация, они смогут быть инкорпорированы в нее как получившие окончательное разрешение. Временна́я W/E организация генерирует социальные и экономические осцилляции, тогда как пространственная W/E организация соответствует формированию социальных структур. Социальная эволюция основана на исходном противоречии W и E, которое может порождать циклическое развитие, но, благодаря «запоминанию» технического прогресса, происходит конвертация циклического процесса в развитие по спирали.

Личность как суперпозиция противоположных интенций

Как уже было сказано, имеется много различных аспектов социального функционирования, и социальные организмы могут характеризоваться W типом в одних и E типом в других аспектах. То же относится и к отдельной личности, которая в своей многогранности включает в себя рефлексии абсолютного как W-, так и E-типа. Помимо этого, 0 и 1 в исходной структуре Лефевра – это пределы, но в реальности они не достигаются, а только аппроксимируются. Булева логика оказывается пределом нечёткой логики. Поэтому структура личности всегда сложна и содержит суперпозиции противоположных интенций и моделей поведения. Чтобы понять, как функционируют различные интенции в личности, мы обратимся к Фёдору Михайловичу Достоевскому. У Лефевра рефлексия оценивается как хорошая-плохая, но это радикализация, здесь может быть много оттенков. Отношение эго и его рефлексии не является совершенно однозначным. Идея и ее воплощение совмещаются в одном человеке, отсюда феномен двойничества, но эти раздвоенные личности еще и взаимодействуют между собой.

Как говорил Н.А. Бердяев («Миросозерцание Достоевского»), «коллизия субъектов-идей является основным содержанием произведений Достоевского. Его герои воплощают различные решения вопроса отношения индивидуального субъекта к абсолютному и вовлечены в эксперимент по установлению экзистенциальной ценности этих решений». Романы Достоевского – идеологический эксперимент, с результатами которого можно соглашаться или не соглашаться, потому что ответы – в бесконечности. Здесь окончательного позитивного результата быть не может, поскольку трансцендентный вывод – это не позитивное знание, а, скорее, сверхзнание. Но если в большинстве произведений, несмотря на многогранность, характеры Достоевского, в основном, выражают одну главную идею и проводят ее в действие, как например Раскольников, то в «Братьях Карамазовых» основные характеры в наибольшей степени многогранны и суперпозиционируют различные интенции и модели поведения. В этом романе полифонизм имеет место не только между образами, но и в каждом образе. Каждый герой Достоевского есть суперпозиция разных интенций и взглядов на мир, что выражается в различных трактовках образа.

Полифония имеет место во взаимодействии разных культур, а также во внутренней структуре конкретной культуры. Эта идея лежит в основе работы М.М. Бахтина «Проблемы поэтики Достоевского». Только в культуре происходит формирование образа мира, но этот образ оказывается собранным из различных рефлексий. Полифония этих взглядов лежит в основе всякой культуры и реализует бесконечность ее глубинных принципов. Полифония проявляется на уровне отдельной личности, поскольку каждая личность является суперпозицией противоположных взглядов на мир. В этой суперпозиции и держится структура субъекта, однако, когда такая структура поляризуется в две противоположные системы, появляется феномен двойничества (также описанный Достоевским) и структура реальности распадается, что на социальном уровне приводит к социальным катастрофам и разрушениям.

В полярной репрезентации суперпозиции двух несогласующихся структур единой личности появляется «плохой» двойник, противопоставленный мудрому носителю Логоса. Такая структура появляется в раннем рассказе Достоевского с тем же названием («Двойник») и в конце его творчества («Чёрт. Кошмар Ивана Федоровича»). Развертывание идеи двойничества может приводить к деструкции реальности, а в ходе истории – к разрушению целой страны. Идея двойничества может быть найдена в матрице русской истории, оперирующей на границе «восточного» и «западного» миров. В данном развитии «прагматическая» антиципация (западного типа) замещается эсхатологической антиципацией.

Посмотрим, как полифонически трактуются разные образы у Достоевского. Особенно это проявляется на примере героев «Братьев Карамазовых». Фабула романа (отцеубийство) – это фрейдовская структура, вокруг которой построен сюжет. И в романе исследуется вопрос, кто должен нести ответственность за отцеубийство. Точка зрения Достоевского, что это представители западной рефлексивной системы – теоретик Иван и практик Смердяков. Обосновано ли такое заключение логикой повествования – это центральная проблема в идейной структуре произведения.

Тотальность правды и полифонизм Достоевского

Борис Парамонов в эссе «Конец стиля. К вопросу о Смердякове»[22] пишет, что Смердяков – это тип низового русского западника. Если Иван Карамазов воплощает эйдос «западного» типа в русской среде, то в Смердякове этот эйдос сужается, превращается в «технос». В Логосе идея существует как эйдос, а в «реальном мире», в физисе она воплощается в виде «техноса». Мировоззренческие взгляды Смердякова гораздо более примитивные, чем у Ивана, но это не является необходимой предпосылкой, ведущей к реализации общих идей в реальном мире.

Обычно реализация взглядов Ивана Смердяковым трактуется в контексте убийства Фёдора Павловича Карамазова. Хотя в романе, возможно, и отсутствует окончательное доказательство виновности Смердякова, Ф.М. Достоевский показывает это достаточно определенно, и причиной этого является необязательно внутренняя логика развития образа, но, скорее, его собственное желание так видеть и представлять этот образ,. Конечно, можно интерпретировать отношение Смердякова к Ивану так же,

---

[22] Парамонов Б.М. «Конец стиля». Алетейя, 1997.

как отношение Ленина к Марксу (или Маркса к Гегелю). Но это будет чрезвычайным упрощением. Если Раскольников воплощает идею, оправдывающую убийство, то у Смердякова этой идеи нет, его идея не выражена цельно и однозначно. Отсылки к Ивану («Если Бога нет, то все позволено») не в счет, они не необходимы в целостной логике повествования.

Что утверждает Иван Карамазов? Прежде всего, несовершенство мира, невозможность полного воплощения в нем божественного. Выводом из этого может быть вовсе не желание сокрушить этот мир, а стремление «уравновесить» противоположные тенденции и тем самым «цивилизоваться». Иван мог писать заметки, излагая диаметрально противоположные взгляды на одно и то же, но это не есть следствие его аморальности, скорее, это следствие того, что он держит все эти противоположности и противоречия в себе. В конце, в связи с его сумасшествием, это воплощается в двойничестве, когда он разговаривает с чертом.

На основании идеологии Ивана можно прийти к выводу о необходимости преобразования мира в практический, в котором противоположные идеи выразятся в многообразии «техносов». И Смердяков представляет один такой технос. Как пишет Б.М. Парамонов, «он не лакей, а повар, причем хороший повар. Федор Павлович презрительно называет его «бульонщиком», но сам же хвастается его умением варить кофе и делать кулебяки. А кулебяка, как известно, очень сложный кулинарный продукт, секрет изготовления которого, похоже, утерян в России... Смердяков – специалист, в его речах появилось слово «специально»». Б.М. Парамонов далее пишет: «Кстати, в реальной русской жизни как раз ко времени написания «Братьев Карамазовых» уже появились эти, так сказать, Смердяковы, вышедшие в большие люди: например, трактирщик Тестов, о солянках и расстегаях которого потом ностальгически вспоминали в эмиграции русские писатели». И далее: «Западничество в России на верхах было интеллигентской идеологией, а на низах, то есть как жизненная практика, делалось европеизмом». Борис Парамонов заключает, что «делать...

Смердякова метафизическим типом... и на этом основании отвергать бульоны и кулебяки в качестве лакейской и хамской субстанции — это значит обречь Россию на полуголодное существование, с трудом и только до времени компенсируемое чтением знаменитых романов».

Незавершенность романа «Братья Карамазовы» можно объяснить тем, что Достоевский планировал написать второй роман, в котором «идейное уравновешивание» всех основных героев будет смещено помещением в центр романа Алёши Карамазова. Интересно отметить, что в эволюции этого образа должен был произойти переход «эйдос-технос». При этом Алёшу Карамазова Достоевский хотел сделать революционером (можно даже сказать, террористом) и возвести его на революционную голгофу. Уже в авторском предисловии к первому (единственному осуществленному) роману Достоевский представляет Алёшу Карамазова как главное действующее лицо. Во втором романе, мыслившемся Достоевским главным, повзрослевший на тринадцать лет Алексей Карамазов должен был осуществить «синтез» идеи и активности по социальному преобразованию общества.

Тотальность Алёши как ученика старца Зосимы и представителя, скорее, византийской традиции выражается в его любви к миру, детям, стремлению положительно объединить всех и предотвратить зло. Но и Иван любит детей, пусть и более теоретически. Возникает вопрос, может ли мировоззрение Алёши породить в мире что-то противоположное его устремлениям, т.е. зло? В романе этого вовсе нет, и не надо было бы додумывать, если бы не проект Достоевского сделать из Алёши революционера, что может быть интерпретировано неоднозначно. По свидетельству (со слов Достоевского) немецкой исследовательницы Н. Гофман, Алёша, по завещанию старца Зосимы, должен был идти в мир, принять на себя его страдание и его вину. Безусловно, Алёша активно осуществлял бы стремление к добру, но революционная активность ведь порождает и зло. Поэтому здесь стоит обратиться к интерпретации образа Алёши в рассказе «западника» Артура Конан-Дойла «Смерть русского помещика», входящего в цикл о Шерлоке Холмсе.

Во первых, Шерлок Холмс у Конан-Дойла подвергает сомнению роль Смердякова как убийцы. Возможно, что «...он лишь внушил себе, что убил он, внушил, находясь под сильнейшим воздействием слов Ивана Карамазова, произнесенных в их разговоре у калитки... И самоубийство Смердякова – это не раскаяние, не крушение надежд, это невозможность сосуществования в одном человеке двух полярных, взаимоисключающих Я: Я – убийца и Я – не убийца». Иными словами, Смердяков убил себя из-за наличия двух полярных интенций внутри его личности. Что же касается Ивана, он «прежде всего решал идею в принципе, идею права на убийство, идею целесообразности уничтожения зла». А из идеи вовсе не следует необходимость ее воплощения таким вот образом.

А что же Алёша в интерпретации Конан-Дойла? В случае смерти отца Алёша становился обладателем целого состояния. И Шерлок Холмс говорит: «Нужны ли ему деньги? А почему – нет? Эти деньги он сможет потратить на претворение в жизнь заповедей отца Зосимы, например, заняться воспитанием и оплатить учебу того же Илюшеньки, семья которого влачит полунищенское существование, Коли Красоткина, Смурова, тех мальчиков, в которых он, да и Достоевский, видит будущее России».

Такая «прагматическая» интерпретация может вызвать у нас неприятие. Но с позиции тотальности правды, Фёдор Павлович и братья, как пишет Конан-Дойл, вполне подпадают под категорию «ненужных, вредных» людей, как и негодяи, замучившие ребенка в рассказе Ивана. «Почему, вынеся приговор «Расстрелять!», Алёша должен быть менее принципиален по отношению к своим братьям, которые если и лучше негодяя, обрекшего на ужасную смерть несчастного ребенка, то ненамного, являясь, по сути, людьми никчемными, суетными, лишенными цели и веры», – говорит Шерлок Холмс у Конан-Дойла. При этом далее он не настаивает на своем выводе, говоря, что даже слуга Григорий мог быть убийцей, и отмечает, что «сюжет романа несовершенен, поскольку в ряде случаев нарушены причинно-следственные связи».

Перейдем теперь к более подробному анализу личности Ивана. По мнению С.Н. Булгакова («Иван Карамазов как философский тип»), образ Ивана Карамазова может быть сопоставлен с Фаустом. В этом его общечеловеческое и европейское измерение. С.Н. Булгаков пишет: «...Фауст и Карамазов находятся в несомненной генетической связи, один выражает собой сомнения XVIII, другой XIX века, один подвергает критике теоретический, другой – практический разум». Слова Ивана «Я не Бога не принимаю, пойми ты это, я мира, Им созданного, мира-то Божьего не принимаю и не могу согласиться принять» означают его последовательную этическую позицию, из которой может вытекать как этический нигилизм, так и высшее проявление гуманизма. Разве Альбер Камю, который по мировоззрению сходен с Иваном Карамазовым, не гуманист? «Представьте себе в момент такого перехода, такой болезненной ломки человека огромного ума, логической неустрашимости, страстной искренности, человека, абсолютно неспособного к сделкам с собой, и вы получите Ивана Федоровича Карамазова», – пишет С.Н. Булгаков.

При том, что Иван не принимает мира каким он ему представляется, он любит жизнь, умиляется «клейкими весенними листочками» и при этом мучается из-за несовершенства сотворенного мира. Поэтому он и принимает на себя моральную ответственность за убийство, хотя формально он и не виноват. Как и у Фауста, у Ивана есть его метафизический двойник, приходящий к нему во время его душевной болезни. Как пишет С.Н. Булгаков, «Черт Ивана Федоровича не метафизический Мефистофель, изображающий собою абстрактное начало зла и иронии, это произведение собственной больной души Ивана, частица его собственного я».

Но есть в романе и другое двойничество – Христа и Великого Инквизитора. Так получается, что Логос в мире «присваивается» конкретным человеком, использующим его для утверждения своей тотальности. Это и есть противопоставление Бога и мира, занимающее центральное место в мировоззрении Ивана Карамазова. Легенда, сочиненная Иваном, возводит его мировоззрение на самый глобальный уровень. В «Легенде о Великом Инквизиторе» ставится еще и проблема католичества, которая воспринималась очень болезненно сначала Гоголем, а затем и Достоевским. Данная фобия достаточно глубоко проникла в русскую культуру и требует отдельного анализа. Православие же, по мнению Достоевского, снимает это противоречие, в нем логос и физис находятся в гармонии, Великий Инквизитор в Православии невозможен. Оставим это утверждение автору. Так или нет – этот вопрос выходит за рамки нашей статьи, однако именно мыслитель Достоевский, сформировавшийся в православной культуре, сумел в своем творчестве достичь высшей степени «всемирности» и понимания разных рефлексий Абсолюта в человеке. А то, что Достоевский в высказываемых политических взглядах «сужал» себя – это другой вопрос.

Достоевский и сам сомневался, он писал о главе «Русский инок» К.П. Победоносцеву: «Боюсь и трепещу за нее, будет ли она достаточным ответом». Сейчас немного найдется людей, которые сочтут ответ, данный в «Житии старца Зосимы» достаточным. Г.С. Померанц в статье «Каторжное христианство и открытое православие» писал: «ропот Ивана не опровергнут, он только уравновешен». Да и уравновешен ли? Проблема состоит в том, что идеология Ивана не обязательно должна восприниматься как деструктивная, она может быть реализована и как конструктивная в жизненной практике. Из нее может следовать поиск уравновешивания и компромисса в несовершенном мире. В конце концов, трактат Иммануила Канта «О вечном мире» базируется на таком поиске уравновешивания, тогда как тотальность мировоззрения Гегеля вела к оправданию им войн.

Романы Достоевского представляют собой идеологический эксперимент, с результатами которого можно соглашаться или не соглашаться, потому что ответы находятся в бесконечности. Это, скорее, не ответы, а трансцендентные выводы, которые, будучи редуцированы до уровня позитивного знания, теряют трансцендентный смысл. В «Братьях Карамазовых» нет фугового симфонического решения. Но оно и невозможно в рамках обычного языка. Тем не менее, «Братья Карамазовы» – это гениальная полифоническая симфония, открывающаяся в бесконечность. Ее незаконченность сродни незаконченности четырнадцатого (последнего) контрапункта «Искусства Фуги» И.С. Баха, незаконченности «Реквиема» Моцарта. Законченность означала бы нахождение конечного ответа, а он – в бесконечности. Мы знаем, что Достоевский хотел закончить произведение, написав второй роман. Этот роман так и остался в бесконечном потенциальном поле, которое в себе содержит всё и которое («Бытие-возможность»), согласно Николаю Кузанскому, и есть Бог.

www.ingramcontent.com/pod-product-compliance
Lightning Source LLC
Chambersburg PA
CBHW022015170526
45157CB00003B/1254